工业和信息化"十三五"
高职高专人才培养规划教材

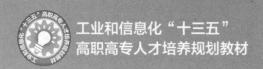

Photoshop CS6
案例教程 第3版

Photoshop CS6 Case Tutorial

徐孟 ◎ 主编

U0390194

人民邮电出版社
北 京

图书在版编目（CIP）数据

Photoshop CS6 案例教程 / 徐孟主编. -- 3版. --
北京：人民邮电出版社，2018.5（2021.6重印）
工业和信息化"十三五"高职高专人才培养规划教材
ISBN 978-7-115-47505-3

Ⅰ. ①P… Ⅱ. ①徐… Ⅲ. ①图象处理软件－高等职
业教育－教材 Ⅳ. ①TP391.413

中国版本图书馆CIP数据核字(2017)第311705号

内 容 提 要

本书重点培养学生的实际动手能力。全书共分 8 章，包括基本概念与基本操作，图像的选取与
合成，绘画和编辑图像，色彩校正制作个人写真集，运用文字进行广告设计，滤镜特效制作电影海
报，以及综合运用各种工具和菜单命令制作包装设计和图像合成。每个案例包括设计目的、内容和
操作步骤，使学生能够明确每个案例需要掌握的知识点和操作方法，突出对学生实际操作能力的培
养。

本书可作为高等职业学校计算机图像处理课程的实践教材，也可作为 Photoshop 初学者的自学
参考书。

◆ 主　编　徐　孟
　　责任编辑　马小霞
　　责任印制　马振武

◆ 人民邮电出版社出版发行　　北京市丰台区成寿寺路 11 号
　　邮编　100164　　电子邮件　315@ptpress.com.cn
　　网址　http://www.ptpress.com.cn
　　三河市中晟雅豪印务有限公司印刷

◆ 开本：787×1092　1/16
　　印张：15.5　　　　　　　　　2018 年 5 月第 3 版
　　字数：387 千字　　　　　　　2021 年 6 月河北第 9 次印刷

定价：45.00 元

读者服务热线：(010)81055256　印装质量热线：(010)81055316
反盗版热线：(010)81055315
广告经营许可证：京东市监广登字20170147 号

前言

Photoshop 是 Adobe 公司推出的计算机图形图像处理软件，也是迄今为止适用于 Windows 和 Macintosh 平台非常优秀、使用面广泛的图像处理软件。它凭借强大的功能，使设计者可以随心所欲地对图像进行自由创作。

本书以 Photoshop CS6 中文版为平台，以制作各种案例为主，通过大量的上机练习，使学生掌握 Photoshop CS6 的基本操作方法和应用技巧。

本书以章为基本写作单元，由浅入深、循序渐进地介绍图像处理基本知识，以及实际工作中各类平面设计作品的设计方法，学生只要按照书上的步骤操作，就能够掌握每个练习包含的知识点和技巧。除了教学项目外，本书还专门安排了实训，以帮助学生在课堂上即时巩固所学内容。另外，每章最后还安排了适量习题，以帮助学生在课后进一步掌握和巩固图像处理与平面设计的基础知识。

本书中每章都包含一个相对独立的教学主题和重点，并通过多个"任务"来分解完成，而每一个任务又通过若干重点操作来具体细化。每章包含以下结构要素。

- 目的：简要说明学习目的，让学生对该练习内容有一个大体的认识。
- 内容：简要说明操作工具、命令、制作方法及案例结果等。
- 操作步骤：包括详细的操作步骤及应该注意的问题提示。

对于本书，教师一般可用 28 课时来讲解教材上的内容，再配以 44 课时的上机时间，即可较好地完成教学任务。总的课时数约为 72 课时，教师可根据实际需要进行调整。各章的参考教学课时见以下课时分配表。

章　节	课　程　内　容	课 时 分 配	
		讲授	上机
第 1 章	基本概念与基本操作	2	4
第 2 章	选取与图像合成制作海报	4	6
第 3 章	绘画和编辑图像进行网店修图	4	6
第 4 章	色彩校正制作个人写真集	4	6
第 5 章	文字应用广告设计	4	6
第 6 章	特效应用制作电影海报	4	6
第 7 章	包装设计	4	6
第 8 章	图像合成	4	6
课 时 总 计		28	44

书中有的图片旁配有二维码，扫描可看彩图效果，本书配有 PPT 课件、素材、教案等教辅资源，读者可登录人民邮电出版社人邮教育社区（http://www.ryjiaoyu.com）搜索书名或书号下载。

本书由徐孟主编，参加编写工作的还有沈精虎、黄业清、宋一兵、谭雪松、冯辉、计晓明、董彩霞、管振起等。

编者

2017 年 12 月

目 录 CONTENTS

第1章 基本概念与基本操作 1

1.1 认识 Photoshop	1
1.1.1 Photoshop 的应用领域	1
1.1.2 启动和退出 Photoshop CS6	1
1.1.3 了解 Photoshop CS6 工作界面	2
1.1.4 调整软件窗口的大小	6
1.1.5 控制面板的显示与隐藏	6
1.1.6 控制面板的拆分与组合	7
1.2 文件基本操作	7
1.2.1 新建文件填充图案后保存	9
1.2.2 打开文件修改后另存	10
1.2.3 查看打开的图像文件	12
1.3 图像文件的颜色设置	14
1.3.1 颜色设置	14
1.3.2 颜色填充	16
1.3.3 为标志图形填色	17
1.4 制作艺术照效果	21
1.5 课堂实训	22
1.6 小结	24
1.7 课后练习	25

第2章 选取与图像合成制作海报 26

2.1 选择工具	26
2.1.1 选框工具	26
2.1.2 套索工具	29
2.1.3 快速选择和魔棒工具	29
2.1.4 编辑选区	31
2.2 选取图像	32
2.2.1 利用【快速选择】工具选取图像	32
2.2.2 利用【魔棒】工具选取图像	34
2.2.3 利用【磁性套索】工具选取图像	36
2.2.4 利用【色彩范围】命令选择图像	37
2.3 移动工具	39
2.3.1 【移动】工具	39
2.3.2 变换图像	39
2.3.3 对齐和分布图层	42
2.4 渐变工具	42
2.4.1 设置渐变样式	43
2.4.2 设置渐变方式	43
2.4.3 设置渐变选项	44
2.4.4 编辑渐变颜色	44
2.5 设计开业海报	45
2.5.1 制作海报背景	45
2.5.2 添加文字	52
2.6 课堂实训	55
2.6.1 开业海报（一）	56
2.6.2 开业海报（二）	56
2.7 小结	58
2.8 课后练习	59

第3章 绘画和编辑图像进行网店修图 61

3.1 路径工具	61
3.1.1 路径工具	61
3.1.2 图形工具	64
3.1.3 【路径】面板	66
3.1.4 综合案例——抠选图像	67
3.2 绘画工具组	71
3.2.1 【画笔】工具	71
3.2.2 【铅笔】工具	72
3.2.3 【颜色替换】工具	72
3.2.4 【混合器画笔】工具	73
3.2.5 【画笔】面板	74
3.2.6 综合案例——修改衣服颜色	74
3.3 图章工具	76
3.3.1 【仿制图章】工具	76

3.3.2 【图案图章】工具 76
3.3.3 定义图案 76
3.3.4 综合案例——为图像添加水印效果 77
3.4 图像修复工具 79
3.4.1 【污点修复画笔】工具 79
3.4.2 【修复画笔】工具 80
3.4.3 【修补】工具 80
3.4.4 【内容感知移动】工具 81
3.4.5 【红眼】工具 81
3.4.6 综合案例——去除多余图像 81
3.5 图像擦除工具 84
3.5.1 【橡皮擦】工具 84
3.5.2 【背景橡皮擦】工具 85

3.5.3 【魔术橡皮擦】工具 85
3.5.4 综合案例——更换背景 86
3.6 修饰工具 88
3.6.1 历史记录画笔工具 88
3.6.2 【模糊】、【锐化】和【涂抹】工具 90
3.6.3 【减淡】和【加深】工具 90
3.6.4 【海绵】工具 90
3.6.5 综合案例——制作景深效果 91
3.7 课堂实训 92
3.7.1 选择复杂背景中的长发女孩 92
3.7.2 修图并制作网页效果 96
3.8 小结 101
3.9 课后练习 101

第 4 章 色彩校正制作个人写真集 103

4.1 裁剪图像 103
4.1.1 重新构图裁剪照片 104
4.1.2 固定比例裁剪照片 105
4.1.3 旋转裁剪倾斜的照片 106
4.1.4 拉直倾斜的照片 107
4.1.5 透视裁剪倾斜的照片 108
4.2 调整命令 109
4.2.1 调整中性色调 110
4.2.2 调整日韩粉蓝色调 113
4.2.3 制作写真画面（一） 117
4.2.4 制作写真画面（二） 121

4.3 课堂实训 124
4.3.1 调整金秋色调 125
4.3.2 调整霞光色调 126
4.3.3 调整曝光过度的照片 127
4.3.4 调整曝光不足的照片 128
4.3.5 矫正照片颜色 129
4.3.6 黑白照片彩色化 131
4.3.7 调整暖色调 134
4.4 小结 135
4.5 课后练习 136

第 5 章 文字应用广告设计 138

5.1 文字工具 138
5.1.1 属性栏 139
5.1.2 【字符】面板 140
5.1.3 【段落】面板 141
5.1.4 选择文字 141
5.1.5 调整段落文字 142
5.2 房地产报纸广告设计 143
5.3 "仲夏之夜"音乐海报设计 150

5.4 "紫罗兰服饰"X 展架设计 153
5.5 课堂实训 157
5.5.1 化妆品广告 158
5.5.2 设计游乐园办卡海报 160
5.5.3 易拉宝广告设计 166
5.6 小结 169
5.7 课后练习 169

第 6 章 特效应用制作电影海报 172

6.1 滤镜命令 172
6.2 制作发射光线效果 173

6.3 合成石墙中的狮子 175
6.4 设计电影海报 178

6.5 课堂实训	183	6.5.4 制作星空效果	190
6.5.1 制作爆炸效果	184	6.5.5 设计电影海报（二）	195
6.5.2 制作火焰效果	186	6.6 小结	196
6.5.3 设计电影海报（一）	188	6.7 课后练习	196

第7章 包装设计 198

7.1 糖果包装袋设计	198	7.2.1 设计月饼盒画面	212
7.1.1 设计包装平面图	198	7.2.2 制作月饼盒的立体效果	217
7.1.2 制作包装袋的立体效果	209	7.3 小结	219
7.2 课堂实训	212	7.4 课后练习	220

第8章 图像合成 221

8.1 为扇面添加图像	221	8.4.4 输出网页图片	236
8.2 图层蒙版的灵活运用	222	8.5 课堂实训	237
8.3 更换图像背景	224	8.5.1 个人主页设计	237
8.4 网站主页设计	227	8.5.2 更换场景	238
8.4.1 设计主页画面	227	8.6 小结	239
8.4.2 合成画面图像	231	8.7 课后练习	239
8.4.3 输入文字内容	235		

第 1 章
基本概念与基本操作

Photoshop 是由 Adobe 公司推出的图形图像处理软件，其功能强大、操作灵活，自推出之日起就得到了广大专业人士的青睐，被广泛应用于平面广告设计、包装设计、网页设计、数码照片艺术处理等行业。从修复照片到制作精美的相册，从简单的图案绘制到专业的平面设计或网页设计等，利用 Photoshop 可以优质、高效地完成这些工作。

本章首先带领读者学习 Photoshop 软件的相关知识，然后再对 Photoshop CS6 的界面进行详细地介绍。

1.1　认识 Photoshop

就像利用画笔和颜料在纸上绘画一样，Photoshop 也是一种将用户想要绘制的图像在计算机上表现出来的工具。

1.1.1　Photoshop 的应用领域

Photoshop 的应用范围非常广，主要有平面广告设计、产品包装设计、网页设计、企业形象设计（CIS）、室内外建筑装潢效果图绘制、工业造型设计、家纺设计及印刷制版等。

- 平面广告设计包括招贴设计、POP 设计、各种室内和室外媒体设计、DM 广告设计、杂志设计等。
- 产品包装设计包括食品包装、化妆品包装、礼品包装及书籍装帧等。
- 网页设计包括界面设计及动画素材的处理等。
- CIS 企业形象设计包括标志设计、服装设计及各种标牌设计等。
- 装潢设计包括各种室内外效果图的后期处理等。通过 Photoshop 用户对效果图进行后期处理，可以使单调乏味的建筑场景产生真实、细腻的效果。

通过 Photoshop，用户可以快速地绘制出设计方案，并创造出很多只有用计算机才能表现的设计效果，Photoshop 不失为设计师的得力助手。

1.1.2　启动和退出 Photoshop CS6

学习某个软件，首先要掌握软件的启动和退出方法。这里主要介绍 Photoshop CS6 的启动和退出的方法。

一、启动 Photoshop CS6

首先确认计算机中已经安装了 Photoshop CS6 中文版软件。下面介绍该软件的启动步骤。

【操作步骤】

1. 启动计算机，进入 Windows 界面。

2. 在 Windows 界面左下角的 按钮上单击，在弹出的【开始】菜单中，依次选择【所有程序】/【Adobe Photoshop CS6（64 Bit）】命令。

3. 稍等片刻，即可启动 Photoshop CS6，进入工作界面。

二、退出 Photoshop CS6

退出 Photoshop CS6 主要有以下几种方法。

（1）在 Photoshop CS6 工作界面窗口标题栏的右上角有一组控制按钮，单击 ✕ 按钮，即可退出 Photoshop CS6。

（2）执行【文件】/【退出】命令。

（3）利用快捷键，即按 Ctrl+Q 组合键或 Alt+F4 组合键退出。注意，按 Alt+F4 组合键不但可以退出 Photoshop CS6，再次按还可以关闭计算机。

> **提示** 退出软件时，系统会关闭所有的文件，如果打开的文件重新编辑或新建的文件没保存，系统会给出提示，让用户决定是否保存。

1.1.3 了解 Photoshop CS6 工作界面

启动 Photoshop CS6 软件后，默认的界面窗口颜色显示为黑色，这对习惯了以前版本的用户来说，无疑有些不太适应，但 Photoshop CS6 软件还是非常人性化的，利用菜单命令，即可对界面的颜色进行修改。下面首先来看一下如何改变工作界面的外观颜色。

一、改变工作界面外观

改变工作界面外观的具体操作如下。

【操作步骤】

1. 执行【编辑】/【首选项】/【界面】命令，弹出图 1-1 所示的【首选项】对话框。

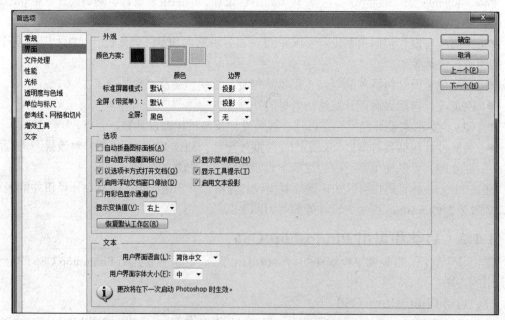

图 1-1 【首选项】对话框

2. 单击对话框上方【颜色方案】选项右侧的颜色色块，此时界面的颜色即可改变。

3. 确认后单击 确定 按钮，退出【首选项】对话框。

提示

另外，还可利用按快捷键的方式来修改工作界面的外观，依次按 Ctrl+F2 组合键和 Ctrl+F1 组合键，即可在各颜色方案之间进行切换。

二、了解 Photoshop CS6 工作界面

在工作区中打开一幅图像，界面窗口布局如图 1-2 所示。

图 1-2　界面布局

Photoshop CS6 的界面按其功能可分为菜单栏、属性栏、工具箱、控制面板、文档窗口（工作区）、文档名称选项卡和状态栏等几部分。

（1）菜单栏

菜单栏包括【文件】、【编辑】、【图像】、【图层】、【文字】、【选择】、【滤镜】、【3D】、【视图】、【窗口】和【帮助】11 个菜单。单击任意一个菜单，将会弹出相应的下拉菜单，其中又包含若干个子命令，选择任意一个子命令即可实现相应的操作。

菜单栏右侧的 3 个按钮，可以控制界面的显示状态或关闭界面。

- 单击【最小化】按钮 ，工作界面将变为最小化显示状态，显示在桌面的任务栏中。单击任务栏中的 图标，可使 Photoshop CS6 的界面还原为最大化状态。
- 单击【还原】按钮 ，可使工作界面变为还原状态，此时 按钮将变为【最大化】按钮 ，单击 按钮，可以将还原后的工作界面最大化显示。

提示

无论工作界面以最大化状态还是还原状态显示，只要将鼠标指针放置在标题栏上双击，同样可以完成最大化状态和还原状态的切换。当工作界面为还原状态时，将鼠标指针放置在工作界面的任一边缘处，鼠标指针将变为双向箭头形状，此时拖曳鼠标，可调整窗口的大小；将鼠标指针放置在标题栏内拖曳，可以移动工作界面在 Windows 窗口中的位置。

● 单击【关闭】按钮 ✕，可以将当前工作界面关闭，退出 Photoshop CS6。

在菜单栏中，单击最左侧的 Photoshop CS6 图标 Ps，可以在弹出的下拉菜单中执行移动、最大化、最小化及关闭该软件等操作。

（2）属性栏

属性栏显示工具箱中当前选择工具按钮的参数和选项设置。在工具箱中选择不同的工具按钮，属性栏中显示的选项和参数也各不相同。在以后各章节的讲解过程中，会随讲解不同的按钮而进行详细地介绍。

（3）工具箱

工具箱的默认位置为界面窗口的左侧，包含 Photoshop CS6 的各种图形绘制和图像处理工具。注意，将鼠标指针放置在工具箱上方的灰色区域 ▶▶ 内，按下鼠标左键并拖曳即可移动工具箱的位置。单击 ▶▶ 按钮，可以将工具箱转换为双列显示。

将鼠标指针移动到工具箱中的任一图标上时，该图标将突起显示，如果鼠标指针在工具图标上停留一段时间，鼠标指针的右下角会显示该工具的名称，如图 1-3 所示。

单击工具箱中的任一工具图标可将其选中。另外，绝大多数工具图标的右下角带有黑色的小三角形，表示该工具是个工具组，还有其他同类隐藏的工具，将鼠标指针放置在这样的图标上按下鼠标左键不放或单击鼠标右键，即可将隐藏的工具显示出来，如图 1-4 所示。移动鼠标指针至展开工具组中的任意一个工具上单击，即可将其选中，如图 1-5 所示。

图 1-3　显示的按钮名称

图 1-4　显示出的隐藏工具

图 1-5　选择工具

工具箱及其所有展开的工具按钮如图 1-6 所示。

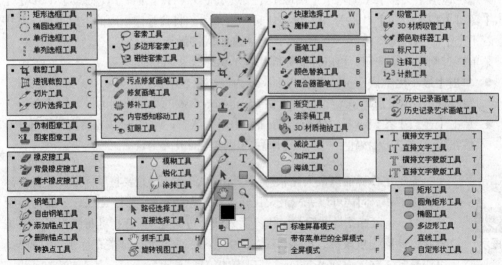
图 1-6　工具箱及所有隐藏的工具按钮

（4）控制面板

Photoshop CS6 共提供了 26 种控制面板，利用这些控制面板可以对当前图像的色彩、大小显示、样式及相关的操作等进行设置和控制。

（5）图像窗口

Photoshop CS6 允许同时打开多个图像窗口，每创建或打开一个图像文件，工作区中就会增加一个图像窗口，如图 1-7 所示。

食品.jpg @ 50%(RGB/8#)　×　　水果.jpg @ 100%(RGB/8#)　×

图 1-7　打开的图像文件

单击其中一个文档的名称，即可将此文件设置为当前操作文件，另外，按 Ctrl+Tab 组合键，可按顺序切换文档窗口；按 Shift+Ctrl+Tab 组合键，可按相反的顺序切换文档窗口。

将鼠标指针放置到图像窗口的名称处按下并拖曳，可将图像窗口从选项卡中拖出，使其以独立的形式显示，如图 1-8 所示。此时，拖动窗口的边线可调整图像窗口的大小；在标题栏中按下鼠标并拖动，可调整图像窗口在工作界面中的位置。

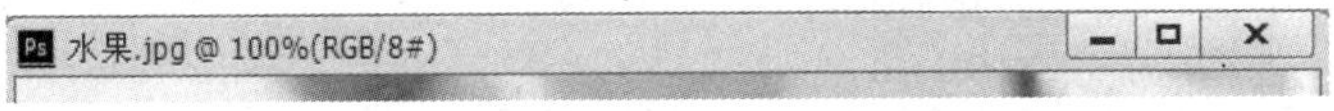

Ps 水果.jpg @ 100%(RGB/8#)　　　　　　　　　　－　□　✕

图 1-8　以独立形式显示的图像窗口

提示　将鼠标指针放置到浮动窗口的标题栏中，按下并向选项卡位置拖动，当出现蓝色的边框时释放鼠标，即可将浮动窗口停放到选项卡中。

图像窗口最上方的标题栏中，用于显示当前文件的名称和文件类型。

● 在@符号左侧显示的是文件名称。其中"."左侧是当前图像的文件名称，"."右侧是当前图像文件的扩展名。

● 在@符号右侧显示的是当前图像的显示百分比。

● 对于只有背景层的图像，括号内显示当前图像的颜色模式和位深度（8 位或 16 位）。如果当前图像是个多图层文件，在括号内将以","分隔。","左侧显示当前图层的名称，右侧显示当前图像的颜色模式和位深度。

如图 1-8 所示，标题栏中显示"水果.jpg@100%（RGB/8#）"，就表示当前打开的文件是一个名为"水果"的 JPG 格式图像，该图像以 100%显示，颜色模式为 RGB 模式，位深度为 8 位。

● 图像窗口标题栏的右侧有 3 个按钮，与工作界面右侧的按钮功能相同，只是工作界面中的按钮用于控制整个软件；而此处的按钮用于控制当前的图像文件。

（6）状态栏

状态栏位于图像窗口的底部，显示图像的当前显示比例和文件大小等信息。在比例窗口中输入相应的数值，就可以直接修改图像的显示比例。单击文件信息右侧的▶按钮，弹出【文件信息】菜单，用于设置状态栏中显示的具体信息。

（7）工作区

当将图像窗口都以独立的形式显示时，后面显示出的大片灰色区域即为工作区。工具箱、各控制面板和图像窗口等都处在工作区内。在实际工作过程中，为了有较大的空间显示图像，经常会将不用的控制面板隐藏，以便将其所占的工作区用于图像窗口的显示。

 按 Tab 键，即可将属性栏、工具箱和控制面板同时隐藏；再次按 Tab 键，可以将它们重新显示出来。

1.1.4 调整软件窗口的大小

当需要多个软件配合使用时，调整软件窗口的大小可以方便各软件间的操作。

【操作步骤】

1. 在 Photoshop CS6 标题栏右上角单击 ▬ 按钮，可以使工作界面窗口变为最小化图标状态，其最小化图标会显示在 Windows 系统的任务栏中，图标形状如图 1-9 所示。

2. 在 Windows 系统的任务栏中单击最小化后的图标，Photoshop CS6 工作界面窗口还原为最大化显示。

3. 在 Photoshop CS6 标题栏右上角单击 ▢ 按钮，可以使窗口变为还原状态。还原后，窗口右上角的 3 个按钮即变为如图 1-10 所示的形状。

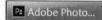

图 1-9 最小化图标形状

图 1-10 还原后的按钮形状

4. 当 Photoshop CS6 窗口显示为还原状态时，单击 ▢ 按钮，可以将还原后的窗口最大化显示。

5. 单击 ✕ 按钮，可以将当前窗口关闭，退出 Photoshop CS6。

1.1.5 控制面板的显示与隐藏

在图像处理工作中，为了操作方便，经常需要调出某个控制面板、调整工作区中部分控制面板的位置或将其隐藏等。熟练掌握对控制面板的操作，可以有效地提高工作效率。

【操作步骤】

1. 选择菜单栏中的【窗口】菜单，将会弹出下拉菜单，该菜单中包含 Photoshop CS6 的所有控制面板。

 在【窗口】菜单中，左侧带有 ✔ 符号的命令表示该控制面板已在工作区中显示，如【图层】和【颜色】；左侧不带 ✔ 符号的命令表示该控制面板未在工作区中显示。

2. 选择不带 ✔ 符号的命令即可使该面板在工作区中显示，同时该命令左侧将显示 ✔ 符号；选择带有 ✔ 符号的命令则可以将显示的控制面板隐藏。

 反复按 Shift + Tab 组合键，可以将工作界面中的所有控制面板在隐藏和显示之间切换。

3. 控制面板显示后，每一组控制面板都有两个以上的选项卡。例如，【颜色】面板上包含【颜色】和【色板】2 个选项卡，单击【色板】选项卡，即可以显示【色板】控制面板，这样可以快速地选择和应用需要的控制面板。

1.1.6　控制面板的拆分与组合

为了使用方便，以组的形式堆叠的控制面板可以重新排列，包括向组中添加面板或从组中移出指定的面板。

【操作步骤】

1. 将鼠标指针移动到需要分离出来的【颜色】面板选项卡上，按下鼠标左键并向工作区中拖曳，状态如图 1-11 所示。

2. 释放鼠标左键，即可将要分离的【颜色】面板从面板组中分离出来，如图 1-12 所示。

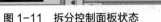

图 1-11　拆分控制面板状态　　　　　图 1-12　拆分控制面板的操作过程示意图

提示　　将控制面板分离为单独的控制面板后，控制面板的右上角将显示 ◄◄ 和 ✕ 按钮。单击 ◄◄ 按钮，可以将控制面板折叠，以图标的形式显示；单击 ✕ 按钮，可以将控制面板关闭。其他控制面板的操作也都如此。

将控制面板分离出来后，还可以将它们重新组合成组。

3. 将鼠标指针移动到分离出的【颜色】面板选项卡上，按下鼠标左键并向【调整】面板组名称右侧的灰色区域拖曳，如图 1-13 所示。

4. 当出现图 1-14 所示的蓝色边框时释放鼠标左键，即可将【颜色】面板组和【调整】面板组组合，如图 1-15 所示。

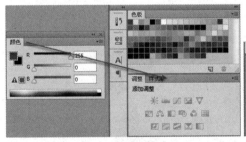

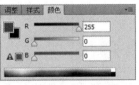

图 1-13　拖曳鼠标状态　　　　　图 1-14　出现的蓝色边框　　　　　图 1-15　合并后的效果

提示　　在默认的控制面板左侧有一些按钮，单击相应的按钮可以打开相应的控制面板；单击默认控制面板右上角的双向箭头 ▶▶ ，可以将控制面板隐藏，只显示按钮图标，这样可以节省绘图区域以显示更大的绘制文件窗口。

1.2　文件基本操作

熟练掌握图像文件的基本操作，是提高图像处理工作效率最有效的方法，本节来介绍有关图像文件的一些基本操作命令。

知识链接

在讲解新建文件之前，首先来看一下位图图像和矢量图的区别以及像素和分辨率的概念，了解这些知识，有助于在新建文件时对各选项进行设置。

一、位图图像和矢量图

根据图像的存储方式不同，图像可以分为位图图像和矢量图。

通过 Photoshop 创建的图像为位图图像，这类图像也叫做栅格图像，是由很多个色块（像素）组成的。当对位图图像进行放大且放大到一定的程度后，用户看到的将是一个一个的色块，如图 1-16 所示。

扫一扫

扫一扫

图 1-16 左彩图

图 1-16 右彩图

图 1-16 位图图像放大前后的对比效果

 提示　位图图像的清晰度与分辨率的大小有关，分辨率越高，则图像越清晰；反之图像越模糊。对于高分辨率的彩色图像，用位图图像存储所需的存储空间较大。

通过 Illustrator、PageMaker、FreeHand、CorelDRAW 等绘图软件创建的图像都是矢量图，这类图是由线条和图块组成的，又称为向量图。当对矢量图进行放大时，无论放大多少倍，图像仍能保持原来的清晰度，且色彩不失真，如图 1-17 所示。

图 1-17 矢量图放大前后的对比效果

 提示　矢量图中保存的是线条和图块的信息，图像文件大小与尺寸大小无关，只与图形的复杂程度有关，即图像中所包含线条或图块的数量，因此图形越简单占用的磁盘空间越小。

二、像素与分辨率

像素与分辨率是 Photoshop 中最常用的两个概念，对它们的设置决定了文件的大小及图像的质量。

- 像素（Pixel）：是构成图像的最小单位，位图图像中的一个色块就是一个像素，且一个像素只显示一种颜色。
- 分辨率（Resolution）：是指单位面积内图像所包含像素的数目，通常用"像素/英寸"和"像素/厘米"表示。

分辨率的高低直接影响图像的效果，使用太低的分辨率会导致图像粗糙，在排版、打印时图片会变得非常模糊；而使用较高的分辨率则会增加文件的大小，并降低图像的打印速度。

提示　　注意，修改图像的分辨率可以改变图像的精细程度。对以较低分辨率扫描或创建的图像，在 Photoshop CS6 中提高图像的分辨率只能提高每单位图像中的像素数量，却不能提高图像的品质。

在工作之前建立一个合适大小的文件至关重要，除尺寸设置要合理外，分辨率的设置也要合理。图像分辨率的正确设置应考虑图像最终发布的媒介，通常对一些有特别用途的图像，分辨率都有一些基本的标准。

- Photoshop 默认分辨率为 72 像素/英寸，这是满足普通显示器的分辨率。
- 发布于网页上的图像分辨率通常可以设置为 72 像素/英寸或 96 像素/英寸。
- 报纸图像通常设置为 120 像素/英寸或 150 像素/英寸。
- 彩版印刷图像通常设置为 300 像素/英寸。
- 大型灯箱图像一般不低于 30 像素/英寸。
- 一些特大的墙面广告等有时可设定在 30 像素/英寸以下。

以上提供的这些分辨率数值只是通常情况下使用的设置值，读者在作图时还要根据实际情况灵活运用。

1.2.1　新建文件填充图案后保存

【案例目的】：通过案例，读者将了解新建文件和保存文件的方法。

【案例内容】：新建【名称】为"图案"，【宽度】为"25"厘米，【高度】为"20"厘米，【分辨率】为"72"像素/英寸，【颜色模式】为"RGB 颜色""8"位，【背景内容】为"白色"的文件。然后为其填充图案，再将其保存在"D 盘"的"作品"文件夹中。具体操作如下。

【操作步骤】

1. 执行【文件】/【新建】命令（或按 Ctrl+N 组合键），弹出【新建】对话框。

2. 将鼠标指针放置在【名称】文本框中，单击鼠标左键并从文字的右侧向左侧拖曳，将文字反白显示，然后任选一种文字输入法，输入"图案"文字。

3. 单击【宽度】或【高度】选项右侧【单位】选项后面的 ✓ 按钮，在弹出的下拉列表中选择【厘米】选项，然后将【宽度】和【高度】选项分别设置为"25"和"20"。

4. 确认【分辨率】的单位为【像素/英寸】，然后将【分辨率】的参数设置为"72"。

5. 在【颜色模式】下拉列表中选择【RGB 颜色】选项，设置各项参数后的【新建】对话框如图 1-18 所示。

6. 单击 确定 按钮，即可按照设置的选项及参数创建一个新的文件。

7. 执行【编辑】/【填充】命令，弹出的【填充】对话框如图 1-19 所示。

8. 在【使用】下拉列表中选择【图案】选项，然后单击下方的【自定图案】按钮 ▦，在弹出的【图案选项】面板中单击右上角的 ✿ 按钮。

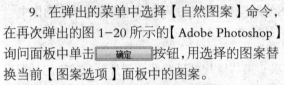

图 1-18 【新建】对话框　　　　　　　图 1-19 【填充】对话框

9. 在弹出的菜单中选择【自然图案】命令，在再次弹出的图 1-20 所示的【Adobe Photoshop】询问面板中单击 确定 按钮，用选择的图案替换当前【图案选项】面板中的图案。

10. 在【图案选项】面板中选择图 1-21 所示的图案，然后单击 确定 按钮，填充图案后的效果如图 1-22 所示。

图 1-20 【Adobe Photoshop】询问面板

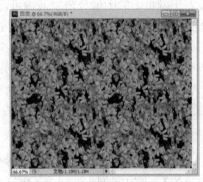

图 1-21 选择的图案　　　　　　　　图 1-22 填充图案后的效果

11. 执行【文件】/【存储】命令，弹出【存储为】对话框。

12. 在【存储为】对话框的【保存在】下拉列表中选择 📁本地磁盘 (D:) 保存，在弹出的新【存储为】对话框中单击【新建文件夹】按钮📁，创建一个新文件夹，然后在创建的新文件夹中输入"作品"，作为新文件夹的名称。

13. 双击刚创建的"作品"文件夹将其打开，然后在下方的【格式】选项窗口中选择"Photoshop (*.PSD;*.PDD)"。

14. 单击 保存(S) 按钮，即可将填充图案的文件保存，且名称为"图案.psd"。

1.2.2 打开文件修改后另存

【案例目的】：通过案例，读者将了解打开文件的方法，以及文件重新修改后的保存方法。

【案例内容】：打开 1.2.1 节创建的"图案.psd"文件，重新填充图案后，以"图案修改.psd"另存。

【操作步骤】

1. 执行【文件】/【打开】命令（或按 Ctrl+O 组合键），将弹出【打开】对话框。

2. 在【查找范围】下拉列表中选择上一节保存文件所在的盘符。

3. 在弹出的示例文件中选择名为"图案.psd"的图像文件，此时的【打开】对话框如

图 1-23 所示。

图 1-23　选择要打开的图像文件

4.　单击 打开(O) 按钮，即可将选择的图像文件在工作区中打开，如图 1-24 所示。

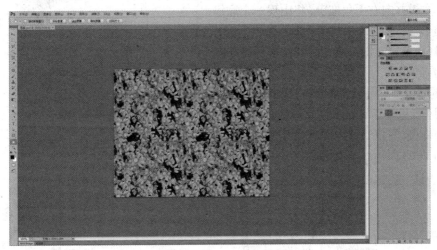

图 1-24　打开的图像文件

5.　执行【编辑】/【填充】命令，在弹出的【填充】对话框中单击【自定图案】选项右侧的图案，然后选择如图 1-25 所示的图案。

6.　单击 确定 按钮，即可对填充图案进行修改，如图 1-26 所示。

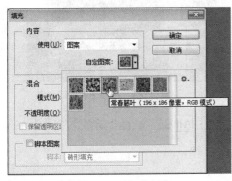

图 1-25　选择的图案

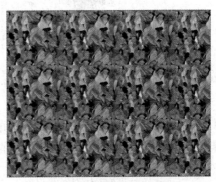

图 1-26　修改后的图案效果

7. 执行【文件】/【存储为】命令，弹出【存储为】对话框，在【文件名】文本框中输入"图案修改"作为文件名。

8. 单击 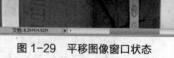 按钮，即可将修改后的图像重新命名保存。

1.2.3 查看打开的图像文件

在绘制图形或处理图像时，经常需要将图像缩放显示，以便观察图像的细节。本节将介绍【缩放】工具和【抓手】工具的应用。

【案例目的】：本节通过案例，让读者了解【缩放】工具和【抓手】工具的使用方法。

【案例内容】：将图像文件打开后，利用【缩放】工具将图像放大显示，然后利用【抓手】工具平移图像，以查看其他区域。

【操作步骤】

1. 执行【文件】/【打开】命令，将素材文件中"图库\第 01 章"目录下名为"静物.jpg"的文件打开。

2. 选择【缩放】工具 ，在打开的图片中按下鼠标左键并向右下角拖曳，将出现一个虚线形状的矩形框，如图 1-27 所示。

3. 释放鼠标左键，放大后的画面形态如图 1-28 所示。

4. 选择【抓手】工具 ，将鼠标指针移动到画面中，当鼠标指针显示为 形状时，按下鼠标左键并拖曳，可以平移画面观察其他位置的图像，如图 1-29 所示。

图 1-27　拖曳鼠标指针时的状态

图 1-28　放大后的画面　　　　　图 1-29　平移图像窗口状态

5. 选择 工具，将鼠标指针移动到画面中，按住 Alt 键，鼠标指针变为 形状，单击鼠标左键可以将画面缩小显示，以观察画面的整体效果。

 **知识链接**

【缩放】和【抓手】工具的属性栏基本相同，【缩放】工具的属性栏如图1-30所示。

图1-30 【缩放】工具的属性栏

- 【放大】按钮：激活此按钮，在图像窗口中单击，可以将图像窗口中的画面放大显示，最高放大级别为1 600%。
- 【缩小】按钮：激活此按钮，在图像窗口中单击，可以将图像窗口中的画面缩小显示。
- 【调整窗口大小以满屏显示】：勾选此复选框，当对图像进行缩放时，软件会自动调整图像窗口的大小，使其与当前图像适配。
- 【缩放所有窗口】：当工作区中打开多个图像窗口时，勾选此复选框或按住 Shift 键，缩放操作可以影响到工作区中的所有图像窗口，即同时放大或缩小所有图像文件。
- 【细微缩放】：勾选此复选框，在图像窗口中按住鼠标左键拖曳，可实时缩放图形：向左拖曳为缩小调整；向右拖曳为放大调整。
- 实际像素按钮：单击此按钮，图像恢复为原大小，以实际像素尺寸显示，即以100%比例显示。
- 适合屏幕按钮：单击此按钮，图像窗口根据绘图窗口中剩余空间的大小，自动调整图像窗口大小及图像的显示比例，使其在不与工具栏和控制面板重叠的情况下，尽可能地放大显示。
- 填充屏幕按钮：单击此按钮，系统根据工作区剩余空间的大小自动分配和调整图像窗口的大小及比例，使其在工作区中尽可能放大显示。
- 打印尺寸按钮：单击此按钮，图像将显示打印尺寸。

一、【缩放】工具的快捷键

- 按 Ctrl + + 组合键，可以放大显示图像；按 Ctrl + - 组合键，可以缩小显示图像；按 Ctrl + O 组合键，可以将图像窗口内的图像自动适配至屏幕大小显示。
- 双击工具箱中的 工具，可以将图像窗口中的图像以实际像素尺寸显示，即以100%比例显示。
- 按住 Alt 键，可以将当前的"放大显示"工具切换为"缩小显示"工具。
- 按住 Ctrl 键，可以将当前的【缩放】工具切换为【移动】工具，此时鼠标指针显示为 状态，松开 Ctrl 键后，即恢复到【缩放】工具。

二、【抓手】工具的快捷键

- 双击 工具，可以将图像适配至屏幕大小显示。
- 按住 Ctrl 键在图像窗口中单击，可以对图像放大显示；按住 Alt 键在图像窗口中单击，可以对图像缩小显示。
- 无论当前哪个工具按钮处于被选择状态，按键盘上的 空格 键，都可以将当前工具切换为【抓手】工具。

1.3 图像文件的颜色设置

本节将介绍图像文件的颜色设置与填充方法。

 知识链接

颜色模式是指同一属性下不同颜色的集合，它使用户在使用各种颜色进行显示、印刷及打印时，不必重新调配颜色就可以直接进行转换和应用。计算机软件系统为用户提供的颜色模式主要有 RGB 颜色模式、CMYK 颜色模式、Lab 颜色模式、位图（Bitmap）模式、灰度（Grayscale）模式、索引（Index）颜色模式等。每一种颜色模式都有它的使用范围和特点，并且各颜色模式之间可以根据处理图像的需要进行转换。

- RGB（光色）模式：该模式的图像由红（R）、绿（G）、蓝（B）3 种颜色构成，大多数显示器均采用此种色彩模式。
- CMYK（4 色印刷）模式：该模式的图像由青（C）、洋红（M）、黄（Y）、黑（K）4 种颜色构成，主要用于彩色印刷。在制作印刷用文件时，最好将其保存成 TIFF 格式或 EPS 格式，它们都是印刷厂支持的文件格式。
- Lab（标准色）模式：该模式是 Photoshop 的标准色彩模式，也是由 RGB 模式转换为 CMYK 模式的中间模式。它的特点是在使用不同的显示器或打印设备时，所显示的颜色都是相同的。
- Grayscale（灰度）模式：该模式的图像由具有 256 级灰度的黑白颜色构成。一幅灰度图像在转变成 CMYK 模式后可以增加色彩。如果将 CMYK 模式的彩色图像转变为灰度模式，则颜色不能再恢复。
- Bitmap（位图）模式：该模式的图像由黑白两色构成，图像不能使用编辑工具，只有灰度模式才能转变成 Bitmap 模式。
- Index（索引）模式：该模式又叫图像映射色彩模式，这种模式的像素只有 8 位，即图像只有 256 种颜色。

1.3.1 颜色设置

颜色设置的方法有 3 种：在【颜色】面板中设置颜色；在【色板】面板中设置颜色；在【拾色器】对话框中设置颜色。下面分别详细介绍。

【操作步骤】

一、在【颜色】面板中设置颜色

1. 执行【窗口】/【颜色】命令，将【颜色】面板显示在工作区中。如该命令前面已经有✔符号，则不执行此操作。

2. 确认【颜色】面板中的前景色块处于具有方框的选择状态，利用鼠标任意拖动右侧的【R】、【G】、【B】颜色滑块，即可改变前景色的颜色。

3. 将鼠标指针移动到下方的颜色条中，鼠标指针将显示为吸管形状，在颜色条中单击，即可将单击处的颜色设置为前景色，如图 1-31 所示。

图 1-31　利用【颜色】面板设置前景色时的状态

4. 在【颜色】面板中单击背景色色块，使其处于选择状态，然后利用设置前景色的方法即可设置背景色，如图 1-32 所示。

5. 在【颜色】面板的右上角单击 ▼≡ 按钮，在弹出的选项列表中选择【CMYK 滑块】选项，【颜色】面板中的 RGB 颜色滑块即会变为 CMYK 颜色滑块，如图 1-33 所示。

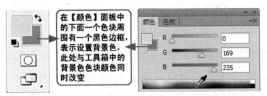

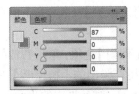

图 1-32　利用【颜色】面板设置背景色时的状态　　　　图 1-33　CMYK 颜色面板

6. 拖动【C】、【M】、【Y】、【K】颜色滑块，就可以用 CMYK 模式设置背景颜色。

二、在【色板】面板中设置颜色

1. 在【颜色】面板中选择【色板】选项卡，显示【色板】面板。

2. 将鼠标指针移动至【色板】面板中，鼠标指针变为吸管形状。

3. 在【色板】面板中需要的颜色上单击，即可将前景色设置为选择的颜色。

4. 按住 Alt 键，在【色板】面板中需要的颜色上单击，即可将背景色设置为选择的颜色。

三、在【拾色器】对话框中设置颜色

1. 单击工具箱中图 1-34 所示的前景色或背景色窗口，弹出图 1-35 所示的【拾色器】对话框。

图 1-34　前景色和背景色设置窗口　　　　图 1-35　【拾色器】对话框

2. 在【拾色器】对话框的颜色域或颜色滑条内单击，可以将单击位置的颜色设置为当前的颜色。

3. 在对话框右侧的参数设置区中选择一组选项并设置相应的参数值，也可设置需要的颜色。

提示　　　在设置颜色时，如最终作品用于彩色印刷，通常选择 CMYK 颜色模式设置颜色，即通过设置【C】、【M】、【Y】、【K】4 种颜色值来设置；如最终作品用于网络，即在计算机屏幕上观看，通常选择 RGB 颜色模式，即通过设置【R】、【G】、【B】3 种颜色值来设置。

1.3.2 颜色填充

Photoshop CS6 有 3 种填充颜色的方法：利用菜单命令进行填充；利用快捷键进行填充；利用工具进行填充。

一、利用菜单命令

执行【编辑】/【填充】命令（或按 Shift+F5 组合键），弹出图 1-36 所示的【填充】对话框。

- 【使用】选项：单击右侧的下拉列表框，将弹出图 1-37 所示的下拉列表。选择【颜色】，可在弹出的【拾色器】对话框中设置其他的颜色来填充当前的画面或选区；选择【图案】，对话框中的【自定图案】选项即为可用状态，单击此选项右侧的图案，可在弹出的选项面板中选择需要的图案；选择【历史记录】，可以将当前的图像文件恢复到图像所设置的历史记录状态或快照状态。

图 1-36 【填充】对话框

图 1-37 弹出的下拉列表

- 【模式】选项：在其右侧的下拉列表框中可选择填充颜色或图案与其下画面之间的混合形式。
- 【不透明度】选项：在其右侧的文本框中设置不同的数值可以设置填充颜色或图案的不透明度。此数值越小，填充的颜色或图案越透明。
- 【保留透明区域】选项：勾选此复选框，将锁定当前层的透明区域。即再对画面或选区进行填充颜色或图案时，只能在不透明区域内进行填充。

在【填充】对话框中设置合适的选项及参数后，单击 确定 按钮，即可为当前画面或选区填充上所选择的颜色或图案。

二、利用快捷键

- 按 Alt+Backspace 或 Alt+Delete 组合键，可以给当前画面或选区填充前景色。
- 按 Ctrl+Backspace 或 Ctrl+Delete 组合键，可以给当前画面或选区填充背景色。
- 按 Alt+Ctrl+Backspace 组合键，可以给当前画面或选区填充白色。

三、利用工具

工具箱中填充颜色的工具有【渐变】工具 ▣ 和【油漆桶】工具 ▲，有关【渐变】工具的具体操作请参见第 2.4 节中的内容。

- 【渐变】工具是为画面或选区填充多种颜色渐变的工具，使用前应先在属性栏中设置好渐变的颜色及渐变的类型，然后将鼠标指针移动到画面或选区内拖曳鼠标即可。
- 【油漆桶】工具是为画面或选区填充前景色或图案的工具，使用前应先在工具箱中设置好填充的前景色或在属性栏中选择好填充的图案，然后将鼠标指针移动到要填充的画面或选区内单击即可。

提示

以上分别讲解了设置与填充颜色的几种方法，其中利用【拾色器】对话框设置颜色与利用快捷键填充颜色的方法比较实用。

1.3.3　为标志图形填色

以上学习了几种颜色的设置与填充方法，下面以案例的形式来具体练习。

【案例目的】：通过为绘制的标志图形填充颜色，练习颜色的设置与填充方法。

【案例内容】：分别利用菜单命令、快捷键和工具按钮对指定的选区进行颜色填充，制作出图 1-38 所示的标志图形。

【操作步骤】

1. 执行【文件】/【打开】命令，在弹出【打开】对话框中选择素材文件中"图库\第 01 章"目录下名为"标志轮廓.psd"的文件，单击 打开(O) 按钮，打开的图像文件如图 1-39 所示。

图 1-38　填色后的图形

扫一扫

图 1-38 彩图

图 1-39　打开的图像文件

2. 在工具箱中选择【魔棒】工具，将鼠标指针移动到图 1-40 所示的位置单击，可添加选区，如图 1-41 所示。

图 1-40　鼠标指针放置的位置

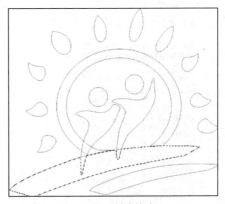

图 1-41　创建的选区

3. 按住 Shift 键，此时鼠标指针将显示为带"+"号的图标，将鼠标指针移动到图 1-42 所示的位置单击，可添加选区，创建的选区形态如图 1-43 所示。

图 1-42　鼠标指针放置的位置

图 1-43　创建的选区

4. 单击前景色块，在弹出的【拾色器】对话框中设置 R、G、B 颜色参数，如图 1-44 所示。

5. 单击 确定 按钮，将前景色设置为绿色（R:150,G:255）。

6. 在【图层】面板底部单击 □ 按钮新建一个图层"图层 2"，按 Alt+Delete 组合键，为当前选区填充前景色，如图 1-45 所示。

图 1-44　设置的颜色

扫一扫

图 1-44 彩图

图 1-45　填充颜色后的效果

7. 在【图层】面板中单击"图层 1"将其设置为工作层，如图 1-46 所示。

8. 继续利用【魔棒】工具 创建图 1-47 所示的选区。

9. 在【颜色】面板中设置颜色参数，如图 1-48 所示。注意，如果读者是跟随本书内容依次进行操作的，此时处于选择状态的为背景色。

图 1-46　设置当前层

图 1-47　创建的选区

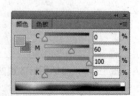

图 1-48　设置的颜色参数

按 X 键，可将工具箱中的前景色与背景色互换。按 D 键，可以将工具箱中的前景色与背景色分别设置为黑色和白色。

10. 在【图层】面板底部单击 按钮新建一个图层"图层 3"，按 Ctrl+Delete 组合键，为当前选区填充背景色，如图 1-49 所示。注意，如果读者设置的颜色为前景色，此处要按 Alt+Delete 组合键。

11. 单击"图层 1"，然后继续利用 工具并结合 Shift 键创建出如图 1-50 所示的选区。

图 1-49 填充颜色后的效果

图 1-50 创建的选区

12. 执行【窗口】/【色板】命令，将【色板】面板显示，然后吸取图 1-51 所示的颜色。

13. 新建"图层 4"，执行【编辑】/【填充】命令，在弹出的【填充】对话框中，设置相应的【前景色】或【背景色】选项，单击 确定 按钮，将吸取的黄色填充至选区中，如图 1-52 所示。

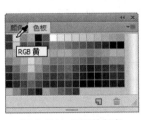

图 1-51 吸取的颜色

扫一扫

图 1-51 彩图

图 1-52 填充颜色后的效果

14. 单击"图层 1"，然后继续利用 工具并结合 Shift 键为右侧的"人物"图形创建选区，但细心的读者会发现本应该为一个整体的选区，在图形下方被一条黑线分割为两部分，如图 1-53 所示。

15. 执行【选择】/【修改】/【平滑】命令，在弹出的【平滑选区】对话框中设置选项参数，如图 1-54 所示。

16. 单击 确定 按钮，选取即合并为一个整体，且边缘变得光滑，如图 1-55 所示。

图 1-53　创建的选区　　　　图 1-54　【平滑选区】对话框　　　　图 1-55　平滑的选区

17. 在【色板】面板中吸取"RGB 红"颜色，然后新建"图层 5"并为其填充设置的红色。

18. 用与步骤 14～步骤 16 相同的方法，为左侧人物创建选区，然后在【色板】面板中吸取"CMYK 绿"颜色，新建"图层 6"并为其填充设置的绿色。

19. 执行【选择】/【去除选区】命令（或按 Ctrl+D 组合键），去除选区，填充的颜色及【图层】面板形态如图 1-56 所示。

20. 将鼠标指针移动到图 1-57 所示的 👁 图标位置单击，可将该图层隐藏。

图 1-56　填充的颜色及【图层】面板　　　　图 1-57　单击的位置

至此，颜色填充完成，标志的整体效果如图 1-58 所示。

图 1-58　标志填充颜色后的效果

21. 执行【文件】/【存储为】命令（或按 Shift+Ctrl+S 组合键），在弹出的【存储为】对话框中将文件另命名为"希望小学标志"，单击 保存(S) 按钮，将文件以"希望小学标志.psd"另存。

1.4 制作艺术照效果

通过前面对软件的介绍，想必读者已经迫不及待地想使用 Photoshop 大展身手了。下面将带领读者制作一个艺术照效果，来体会一下 Photoshop 的神奇魅力。

【案例目的】：拍摄照片后，想要打印出来，拍摄效果未免有些单调，这个时候我们可以为其添加一个艺术边框，这样效果就大不一样了。下面我们就来制作艺术照效果，并初步了解 Photoshop 基本设计工具的用法。

【案例内容】：本例用到的素材及制作的艺术照效果如图 1-59 所示。

图 1-59　用到的素材图片及处理后的效果

【操作步骤】

1. 选择菜单栏中的【文件】/【打开】命令，在弹出的【打开】对话框中依次选择素材文件中"图库\第01章"目录，然后单击"艺术照版面.jpg"文件，再按住 Ctrl 键，单击"儿童.jpg"文件，将两个文件同时选中。

2. 单击 打开(O) 按钮，可将两个文件同时打开。

3. 确认"艺术照版面.jpg"文件为当前工作状态，执行【图层】/【新建】/【背景图层】命令，弹出图 1-60 所示的对话框。

4. 单击 确定 按钮，将背景层转换为普通层。

5. 选择【魔棒】工具 🪄，将鼠标指针移动到画面中的白色区域单击，添加图 1-61 所示的选区。

图 1-60　【新建图层】对话框

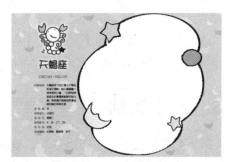

图 1-61　创建的选区

6. 按 Delete 键，删除选区内的图像，然后执行【选择】/【取消选择】命令，将选区去除。

7. 移动鼠标至左上角的文档名称选项卡位置，单击图 1-62 所示的"儿童.jpg"文件，将其设置为工作状态。

图 1-62　单击的位置

8. 选择【移动】工具 ，将鼠标指针移动到儿童画面上按下，并指向"艺术照版面.jpg"的文档名称选项卡位置，当该文件为工作状态时，移动鼠标指针至画面位置，如图 1-63 所示。

9. 执行【编辑】/【自由变换】命令，并在属性栏中设置参数 W: 50.00% H: 50.00%。

10. 利用 工具调整图像在页面中的位置，如图 1-64 所示。

图 1-63　移动复制图像状态

图 1-64　图像调整的位置

11. 单击属性栏右侧的 按钮，确认图像的缩小及位置调整。

12. 执行【图层】/【排列】/【后移一层】命令，将儿童图像调整至边框层的下方，【图层】面板及得到的画面效果如图 1-65 所示。

图 1-65　【图层】面板及得到的画面效果

> **提示**　调整图层后，如儿童图像没有在艺术框内居中显示，此时可利用 工具再进行调整。

13. 选择菜单栏中的【文件】/【存储为】命令（或按 Shift+Ctrl+S 组合键），在弹出的【存储为】对话框中，选择合适的存储路径，然后将文件命名为"艺术照.psd"保存。

1.5　课堂实训

第 1.4 节我们学习了利用移动、复制来制作艺术照的方法，下面我们再来学习另一种方法——利用菜单命令中的复制和粘贴。

【案例目的】：通过案例的学习，读者可掌握【复制】和【粘贴】命令的功能及应用。并了解每一个作品的完成都可以通过几种方法来实现，只是在工作过程中要根据实际情况选择最简单、最快捷的命令去操作。

【案例内容】：打开素材文件中"图库\第 01 章"目录下名为"男孩.jpg"和"背景.jpg"的文件，然后利用【拷贝】和【贴入】命令来粘贴图像，制作图 1-66 所示的图像合成效果。

图 1-66　图像合成效果

【操作步骤】

1. 按 Ctrl+O 组合键，在弹出的【打开】对话框中将"男孩.jpg"和"背景.jpg"文件同时选择并打开，如图 1-67 所示。

图 1-67　打开的图片

2. 将"男孩.jpg"文件设置为工作文件，然后执行【选择】/【全部】命令（快捷键为 Ctrl+A 组合键），将图片全选。

3. 执行【编辑】/【拷贝】命令（快捷键为 Ctrl+C 组合键），将选择的图片复制。

4. 将"背景.jpg"文件设置为工作文件，选择 工具，在画面中间的白色区域单击鼠标，添加图 1-68 所示的选区。

5. 执行【编辑】/【选择性粘贴】/【贴入】命令（快捷键为 Alt+Shift+Ctrl+V 组合键），将复制的图片粘贴至选区内，如图 1-69 所示。

图 1-68　添加的选区　　　　　　　　　图 1-69　贴入的图片

6. 执行【编辑】/【变换】/【水平翻转】命令，将图像在水平方向上翻转，效果如图 1-70 所示。

7. 执行【编辑】/【变换】/【缩放】命令，给图片添加变换框，然后将鼠标指针放置到变换框右下角的控制点上，当鼠标指针显示为双向箭头时按下鼠标左键并向左上方拖曳，将图像调小。

8. 用相同的缩放图像方法，将鼠标指针放置变换框左上方的控制点上，按下鼠标左键并向右下方拖曳，将变换框调整至图 1-71 所示的大小。

图 1-70　水平翻转后的效果

图 1-71　图像调整后的形态

9. 单击属性栏中的 ✔ 按钮，确定图片的大小调整。

10. 按 Shift+Ctrl+S 组合键，将此文件另命名为"合成图像.psd"保存。

 知识链接

图像的复制和粘贴操作主要包括【剪切】、【拷贝】和【粘贴】等命令，它们在实际工作中被频繁使用。这些命令通常需要配合使用，如果要复制图像，就必须先将复制的图像通过【剪切】或【拷贝】命令保存到剪贴板上，然后再通过【粘贴】命令将剪贴板上的图像粘贴到指定的位置。

● 【剪切】命令：将图像文件中被选择的图像保存至剪贴板上，并在原图像中删除。

● 【拷贝】命令：将图像文件中被选择的图像保存至剪贴板上，原图像仍继续保留。

● 【合并拷贝】命令：该命令主要用于图层文件。可将选区中所有层的内容复制到剪贴板中。进行粘贴时，会将其合并为一层粘贴。

● 【粘贴】命令：将剪切板中的内容作为一个新图层粘贴到当前图像文件中。

● 【选择性粘贴】命令：使用【选择性粘贴】中的【原位粘贴】、【贴入】和【外部粘贴】命令，可以根据需要在复制图像的原位置粘贴图像，或者有所选择的粘贴复制图像的某一部分。

● 【清除】命令：将选区中的图像删除。

1.6　小结

本项目主要介绍了 Photoshop CS6 的基本概念与基本操作，包括启动和退出 Photoshop CS6，界面分区，窗口的大小调整，控制面板的显示和隐藏及拆分和组合，图像文件的新建、打开、存储、缩放显示，以及颜色设置等。在相应的案例中，还介绍了矢量图与位图、像素与分辨率、颜色模式和图像的复制、粘贴等。这些知识点都是学习 Photoshop CS6 最基本、最重要的内容，希望读者能将其完全掌握。

1.7　课后练习

1. 用与第 1.3.3 节为标志图形添色的相同方法，为素材文件中"图库\第 01 章"目录下名为"轮廓.jpg"的文件填色，效果如图 1-72 所示。

图 1-72　填色后的效果

2. 打开素材文件中"图库\第 01 章"目录下名为"照片.jpg"和"边框.jpg"的文件，如图 1-73 所示，然后利用本章所学习的工具和命令设计出图 1-74 所示的照片效果。

图 1-73　打开的素材图片

图 1-74　制作的照片效果

第 2 章
选取与图像合成制作海报

本章以设计商场开业海报为例，详细介绍各种选区工具、【选择】菜单命令、【移动】工具、【变换】命令及【渐变】工具的运用。本章讲解的工具和命令比较多，但都是实际工作中最基础、最常用的，希望读者能认真学习并将其掌握。

2.1 选择工具

在利用 Photoshop 对图像局部及指定位置进行处理时，需要先用选区工具将其选择出来。Photoshop CS6 提供的选区工具有很多种，利用它们可以按照不同的形式来选定图像进行调整或添加效果。

2.1.1 选框工具

选框工具组中有 4 种选框工具，分别是【矩形选框】工具 、【椭圆选框】工具 、【单行选框】工具 和【单列选框】工具 。默认情况下处于选择状态的是【矩形选框】工具 ，将鼠标指针放置到此工具上，按住鼠标左键不放或单击鼠标右键，即可展开隐藏的工具组。

一、【矩形选框】工具的使用方法

【矩形选框】工具 主要用于绘制各种矩形或正方形选区。选择 工具后，在画面中的适当位置按下鼠标左键并拖曳，释放鼠标左键后即可创建一个矩形选区，如图 2-1 所示。

二、【椭圆选框】工具的使用方法

【椭圆选框】工具 主要用于绘制各种圆形或椭圆形选区。选择 工具后，在画面中的适当位置按下鼠标左键拖曳，释放鼠标左键后即可创建一个椭圆形选区，如图 2-2 所示。

图 2-1　绘制的矩形选区

图 2-2　绘制的椭圆形选区

三、【单行选框】工具和【单列选框】工具的使用方法

【单行选框】工具▭和【单列选框】工具▮主要用于创建1像素高度的水平选区和1像素宽度的垂直选区。选择▭或▮工具后，在画面中单击即可创建单行或单列选区。

> 用【矩形选框】和【椭圆选框】工具绘制选区时，
> 按住 Shift 键拖曳鼠标指针，可以绘制以按下鼠标左键位置为起点的正方形或圆形选区；
> 按住 Alt 键拖曳鼠标指针，可以绘制以按下鼠标左键位置为中心的矩形或椭圆选区；
> 按住 Alt+Shift 组合键拖曳鼠标指针，可以绘制以按下鼠标左键位置为中心的正方形或圆形选区。

选框工具组中各工具的属性栏完全相同，如图2-3所示。

图2-3　选框工具属性栏

（1）选区运算按钮

Photoshop CS6除了能绘制基本的选区外，还可以结合属性栏中的按钮将选区进行相加、相减和相交运算。

● 【新选区】按钮▣：默认情况下此按钮处于激活状态，即在图像文件中依次创建选区，图像文件中将始终保留最后一次创建的选区。

● 【添加到选区】按钮▣：激活此按钮或按住 Shift 键，在图像文件中依次创建选区，后创建的选区将与先创建的选区合并成为新的选区。

● 【从选区减去】按钮▣：激活此按钮或按住 Alt 键，在图像文件中依次创建选区，如果后创建的选区与先创建的选区有相交部分，则从先创建的选区中减去相交的部分，剩余的选区作为新的选区。

● 【与选区交叉】按钮▣：激活此按钮或按住 Shift+Alt 组合键，在图像文件中依次创建选区，如果后创建的选区与先创建的选区有相交部分，则把相交的部分作为新的选区；如果创建的选区之间没有相交部分，系统将弹出【Adobe Photoshop】警告对话框，警告未选择任何像素。

（2）选区羽化设置

在绘制选区之前，在【羽化】文本框中输入数值，再绘制选区，可使创建选区的边缘变得平滑，填色后产生柔和的边缘效果。图2-4所示为无羽化选区和设置羽化后填充红色的效果。

> 在设置【羽化】选项的参数时，其数值一定要小于要创建选区的最小半径，否则系统会弹出警告对话框，提示用户将选区绘制得大一点，或将【羽化】值设置得小一点。

当绘制完选区后，执行【选择】/【修改】/【羽化】命令（或按 Shift+F6 组合键），在弹出的图2-5所示的【羽化选区】对话框中，设置适当的【羽化半径】选项值，单击 确定 按钮，也可对选区进行羽化设置。

图 2-4 设置不同的【羽化】值填充红色后的效果   图 2-5 【羽化选区】对话框

羽化半径值决定选区的羽化程度，其值越大，产生的平滑度越高，柔和效果也越好。另外，在进行羽化值的设置时，如文件尺寸与分辨率较大，其值相对也要大一些。

（3）【消除锯齿】选项

Photoshop 中的位图图像是由像素点组成的，因此在编辑圆形或弧形图形时，其边缘会出现锯齿现象。在属性栏中勾选【消除锯齿】复选框，即可通过淡化边缘来产生与背景颜色之间的过渡，使锯齿边缘变得平滑。

（4）【样式】选项

在属性栏的【样式】下拉列表中，有【正常】、【约束长宽比】和【固定大小】3 个选项。

● 选择【正常】选项，可以在图像文件中创建任意大小或比例的选区。
● 选择【约束长宽比】选项，可以在【样式】选项后的【宽度】和【高度】文本框中设定数值来约束所绘选区的宽度和高度比。
● 选择【固定大小】选项，可以在【样式】选项后的【宽度】和【高度】文本框中设定将要创建选区的宽度值和高度值，其单位为像素。

（5）调整边缘

创建选区后单击 调整边缘… 按钮，将弹出【调整边缘】对话框，通过设置该对话框中的相应参数，可以创建精确的选区边缘，从而可以更快且更准确地从背景中抽出需要的图像。单击此按钮，将弹出图 2-6 所示的【调整边缘】对话框。

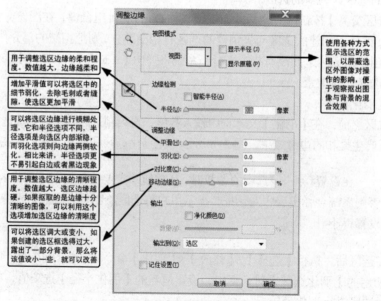

图 2-6 【调整边缘】对话框

2.1.2 套索工具

套索工具是一种使用灵活、形状自由的选区绘制工具。该工具组包括【套索】工具 ，【多边形套索】工具 和【磁性套索】工具 。下面介绍这 3 种工具的使用方法。

一、【套索】工具的使用方法

选择【套索】工具 ，在图像轮廓边缘任意位置按下鼠标左键设置绘制的起点，拖曳鼠标指针到任意位置后释放鼠标左键，即可创建出形状自由的选区。套索工具的自由性很大，在利用套索工具绘制选区时，必须对鼠标有良好的控制能力，才能绘制出满意的选区。此工具一般用于修改已经存在的选区或绘制没有具体形状要求的选区。

二、【多边形套索】工具的使用方法

选择【多边形套索】工具 ，在图像轮廓边缘任意位置单击设置绘制的起点，拖曳鼠标指针到合适的位置，再次单击设置转折点，直到鼠标指针与最初设置的起点重合（此时鼠标指针的下面多了一个小圆圈），然后在重合点上单击即可创建出选区。

 提示 在利用【多边形套索】工具绘制选区的过程中，按住 Shift 键，可以控制在水平方向、垂直方向或成 45° 倍数的方向绘制；按 Delete 键，可逐步撤销已经绘制的选区转折点；双击可以闭合选区。

三、【磁性套索】工具的使用方法

选择【磁性套索】工具 ，在图像边缘单击设置绘制的起点，然后沿图像的边缘拖曳鼠标指针，选区会自动吸附在图像中对比最强烈的边缘，如果选区的边缘没有吸附在想要的图像边缘，可以通过单击添加一个紧固点来确定要吸附的位置，再拖曳鼠标指针，直到鼠标指针与最初设置的起点重合时，单击即可创建选区。

【套索】工具组的属性栏与选框工具组的属性栏基本相同，只是【磁性套索】工具 的属性栏增加了几个新的选项，如图 2-7 所示。

图 2-7 【磁性套索】工具属性栏

- 【宽度】：决定使用【磁性套索】工具时的探测范围。数值越大，探测范围越大。
- 【对比度】：决定【磁性套索】工具探测图形边界的灵敏度。该数值过大时，将只能对颜色分界明显的边缘进行探测。
- 【频率】：在利用【磁性套索】工具绘制选区时，会有很多的小矩形对图像的选区进行固定，以确保选区不被移动。此选项决定这些小矩形出现的次数。数值越大，在拖曳过程中出现的小矩形越多。
- 【压力】按钮 ：安装了绘图板和驱动程序此选项才可用，它主要用来设置绘图板的笔刷压力。设置此选项时，钢笔的压力增加，会使套索的宽度变细。

2.1.3 快速选择和魔棒工具

对于图像轮廓分明、背景颜色单一的图像来说，利用【快速选择】工具 或【魔棒】工具 来选择图像，是非常不错的方法。下面来介绍这两种工具的使用方法。

一、【快速选择】工具

【快速选择】工具 是一种非常直观、灵活和快捷的选择工具，主要用于选择图像中面

积较大的单色区域的工具。其使用方法为：在需要添加选区的图像位置按下鼠标左键，然后移动鼠标指针，即可将鼠标指针经过的区域及与其颜色相近的区域添加一个选区。

【快速选择】工具的属性栏如图 2-8 所示。

图 2-8 【快速选择】工具属性栏

- 【新选区】按钮：默认状态下此按钮处于激活状态，此时在图像中按下鼠标左键拖曳可以绘制新的选区。
- 【添加到选区】按钮：当使用按钮添加选区后，此按钮会自动切换为激活状态，按下鼠标左键在图像中拖曳，可以增加图像的选择范围。
- 【从选区减去】按钮：激活此按钮，可以将图像中已有的选区按照鼠标拖曳的区域来减少被选择的范围。
- 【画笔】选项：用于设置所选范围区域的大小。
- 【对所有图层取样】选项：勾选此复选框，在绘制选区时，将应用到所有可见图层中。若不勾选此复选框，则只能选择工作层中与单击处颜色相近的部分。
- 【自动增强】选项：设置此选项，添加的选区边缘会减少锯齿的粗糙程度，且自动将选区向图像边缘进一步扩展调整。

二、【魔棒】工具的使用方法

【魔棒】工具主要用于选择图像中面积较大的单色区域或相近颜色的区域。【魔棒】工具使用方法非常简单，只需在要选择的颜色范围内单击，即可将图像中与鼠标指针落点相同或相近的颜色全部选择。

【魔棒】工具的属性栏如图 2-9 所示。

图 2-9 【魔棒】工具属性栏

- 【容差】：决定创建选区的范围大小。数值越大，创建选区的范围越大。
- 【连续】：勾选此复选框，只能选择图像中与鼠标单击处颜色相近且相连的部分；若不勾选此项，则可以选择图像中所有与鼠标单击处颜色相近的部分，如图 2-10 所示。

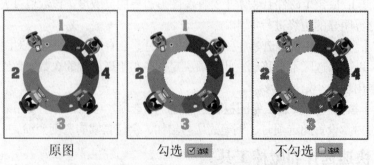

原图　　　　　勾选☑连续　　　　　不勾选☐连续

图 2-10 勾选与不勾选【连续】复选框时创建的选区

- 【对所有图层取样】：勾选此复选框，可以选择所有可见图层中与鼠标指针单击处颜色相近的部分；若不勾选此项，则只能选择该工作层中与鼠标指针单击处颜色相近的部分。

2.1.4　编辑选区

在图像中创建了选区后，有时为了绘图的需要，我们要对已创建的选区进行编辑修改，使之更符合作图要求。本节就来介绍对选区进行编辑修改的一些操作方法，包括移动选区、取消选区和修改选区等。

一、移动选区

在图像中创建选区后，无论当前使用的是哪一种选区工具，将鼠标指针移动到选区内，此时鼠标指针变为 形状，按下鼠标左键拖曳即可移动选区的位置。按键盘上的 ↑ 、 ↓ 、 ← 或 → 任意一个方向键，可以按照 1 个像素单位来移动选区的位置；如果按住 Shift 键再按方向键，可以一次以 10 个像素单位来移动选区的位置。

二、取消选区

当图像编辑完成，不再需要选区时，可以执行【选择】/【取消选择】命令将选区取消，最常用的还是通过按 Ctrl + D 组合键来取消选区，此快捷键在处理图像时会经常用到。

三、修改选区

执行【选择】/【修改】子菜单下的命令，即可对选区进行修改。

（1）边界：执行此命令，可以在弹出的【边界选区】对话框中设置选区向内或向外扩展，扩展的选区将重新生成新的选区。

（2）平滑：该命令用于将选区的边缘进行平滑设置，执行此命令，可以在弹出的【平滑选区】对话框中设置选区的边角平滑度。

（3）扩展：执行此命令，可以在弹出的【扩展选区】对话框中设置选区的扩展量，确认后，选区将在原来的基础上扩展。

（4）收缩：执行此命令，可打开【收缩选区】对话框，在对话框中进行设置后即可将原选区进行收缩。

（5）羽化：该命令用于将选区进行羽化处理，执行此命令，在打开的【羽化】对话框中设置羽化值后，即可将选区进行羽化处理。

原选区与分别执行上述命令后的形态如图 2-11 所示。

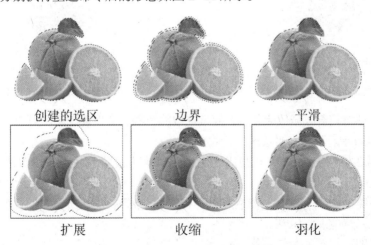

图 2-11　绘制的选区及修改后的形态

2.2　选取图像

下面以选取图像操作为例，来学习各种选择工具的应用。

2.2.1　利用【快速选择】工具选取图像

本章来制作开业海报，本节首先来选取素材，即选择鲜花图片中的花头。

【案例目的】：通过素材的整理，学习利用【快速选择】工具☑选取图像的方法。

【案例内容】：打开图库素材，利用【快速选择】工具☑选取需要的图像。素材图片及选择后的效果如图 2-12 所示。

图 2-12　素材图片及选择后的效果

【操作步骤】

1. 打开素材文件中"图库\第 02 章"目录下的"花 01.jpg"文件。

2. 选择☑工具，确认属性栏中激活了☑按钮，将鼠标指针移动到花瓣位置处，按下鼠标左键并拖曳，如图 2-13 所示，创建选区。

3. 依次沿花瓣图形拖曳鼠标指针，将花瓣全部选择，状态如图 2-14 所示。

图 2-13　拖曳鼠标状态　　　　　　　　　图 2-14　创建的选区

利用🔍工具将花瓣区域放大显示，观察选取的范围，会发现花瓣上方有白色区域也被选取，如图 2-15 所示。下面来对选区进行编辑。

4. 单击属性栏中的·按钮，在弹出的【画笔笔头】设置面板中，设置选项及参数，如图 2-16 所示。

5. 单击属性栏中的☑按钮，然后将鼠标指针移动到图 2-17 所示的位置单击，即可对选区进行修改，效果如图 2-18 所示。

6. 至此，即可将花朵图像完整选取，执行【图层】/【新建】/【通过拷贝的图层】命令（快捷键为 Ctrl+J 组合键），将选区内的图像通过复制生成新的图层，【图层】面板如图 2-19

所示。

图 2-15　选取的多余图像

图 2-16　设置的画笔笔头参数

图 2-17　鼠标指针放置的位置

图 2-18　选区修改后的形态

7. 单击【图层】面板中"背景"层前面的　图标，可将该图层的图像隐藏，只保留选取出的图像。

8. 按 Shift+Ctrl+S 组合键，将此文件另命名为"选取花 01.psd"保存。

　知识链接

在实际的工作中，图层的运用非常广泛。通过新建图层，可以将当前所要编辑和调整的图像独立出来，然后在各个图层中分别编辑图像的每个部分，从而使图像更加丰富。

新建图像文件后，默认的【图层】面板如图 2-20 所示。

图 2-19　生成的新图层

图 2-20　【图层】面板

【图层】面板主要用于管理图像文件中的所有图层、图层组和图层效果。在【图层】面板中可以方便地调整图层的混合模式和不透明度，并可以快速地创建、复制、删除、隐藏、显示、锁定、对齐或分布图层。在【图层】面板上部有如下按钮。

● 【图层面板菜单】按钮　：单击此按钮，可弹出【图层】面板的下拉菜单。

● 【图层混合模式】　正常　　：用于设置当前图层中的图像与下面图层中的图像以何种模式进行混合。

● 【不透明度】：用于设置当前图层中图像的不透明程度，数值越小，图像越透明；数值越大，图像越不透明。

- 【锁定透明像素】按钮■：单击此按钮，可使当前层中的透明区域保持透明。
- 【锁定图像像素】按钮✔：单击此按钮，在当前图层中不能进行图形绘制及其他命令操作。
- 【锁定位置】按钮✛：单击此按钮，可以将当前图层中的图像锁定不被移动。
- 【锁定全部】按钮🔒：单击此按钮，在当前层中不能进行任何编辑修改操作。
- 【填充】：用于设置图层中图形填充颜色的不透明度。
- 【显示/隐藏图层】图标👁：👁表示此图层处于可见状态。单击此图标，图标中的眼睛将被隐藏，表示此图层处于不可见状态。
- 图层缩览图：用于显示本图层的缩略图，它随着该图层中图像的变化而随时更新，以便用户在进行图像处理时参考。
- 图层名称：显示各图层的名称。

在【图层】面板底部有 7 个按钮，下面分别进行介绍。

- 【链接图层】按钮 ∞：通过链接两个或多个图层，可以一起移动链接图层中的内容，也可以对链接图层执行对齐与分布及合并图层等操作。
- 【添加图层样式】按钮 𝑓𝑥.：可以对当前图层中的图像添加各种样式效果。
- 【添加图层蒙版】按钮 ▣：可以给当前图层添加蒙版。如果先在图像中创建适当的选区，再单击此按钮，可以根据选区范围在当前图层上建立适当的图层蒙版。
- 【创建新的填充或调整图层】按钮 ◑.：可在当前图层上添加一个调整图层，对当前图层下边的图层进行色调、明暗等颜色效果调整。
- 【创建新组】按钮 ▢：可以在【图层】面板中创建一个图层组。图层组类似于文件夹，以便图层的管理和查询，在移动或复制图层时，图层组里面的内容可以同时被移动或复制。
- 【创建新图层】按钮 ▢：可在当前图层上创建新图层。
- 【删除图层】按钮 🗑：可将当前图层删除。

2.2.2 利用【魔棒】工具选取图像

本节继续来选取"花头"素材。

【案例目的】：通过案例来学习利用【魔棒】工具🪄选取图像的方法。

【案例内容】：打开图库素材，利用🪄工具选取背景中颜色相同或相似的区域，然后反选即可得到需要的选区。素材图片及选择后的效果如图 2-21 所示。

图 2-21　素材图片及选择后的效果

【操作步骤】

1. 打开素材文件中"图库\第 02 章"目录下的"花 02.jpg"和"花 03.jpg"文件。
2. 将"花 02.jpg"文件设置为工作状态，然后选择🪄工具，并设置属性栏选项及参数，如图 2-22 所示。

图2-22 【魔棒】工具属性栏

3. 将鼠标指针移动到图 2-23 所示的位置单击，生成选区形态如图 2-24 所示。

图 2-23 鼠标指针放置的位置　　　　图 2-24 生成的选区形态

4. 激活属性栏中 按钮，然后将鼠标指针移动到图 2-25 所示的位置单击，添加选区，形态如图 2-26 所示。

图 2-25 鼠标指针放置的位置　　　　图 2-26 添加的选区

5. 用与步骤 4 相同的方法，依次在未选取的区域单击，加载选区，最终形态如图 2-27 所示。

6. 执行【选择】/【反向】命令（快捷键为 Shift+Ctrl+I 组合键），将选区反选，形态如图 2-28 所示。

图 2-27 创建的选区　　　　图 2-28 反选后的选区形态

7. 按 Ctrl+J 组合键将选区内的图像通过复制生成一层，然后将背景层隐藏，效果如图 2-29 所示。

8. 按 Shift+Ctrl+S 组合键，将此文件另命名为"选取花 02.psd"保存。

9. 将"花 03.jpg"文件设置为工作状态，用与以上相同的图像选取方法，将花图像选取，并另命名为"选取花 03.psd"保存，创建的选区形态如图 2-30 所示。

图 2-29 隐藏背景层后的效果　　　　　图 2-30 选取的图像

2.2.3 利用【磁性套索】工具选取图像

本节选取蝴蝶素材。

【案例目的】：通过案例来学习利用【磁性套索】工具 选取图像的方法。

【案例内容】：打开图库素材，利用【缩放】工具 将图像放大显示，然后利用【磁性套索】工具 选取需要的图像。素材图片及选择后的效果如图 2-31 所示。

图 2-31 素材图片及选择后的效果

【操作步骤】

1. 打开素材文件中"图库\第 02 章"目录下的"蝴蝶.jpg"文件。

2. 选择 工具，将鼠标指针移动到图像文件中拖曳，将蝴蝶图像放大显示，状态如图 2-32 所示。

3. 选择 工具，将鼠标指针移动到如图 2-33 所示的位置单击，确定绘制选区的起点。

图 2-32 放大显示图像状态　　　　　图 2-33 鼠标指针放置的位置

4. 沿要选取的蝴蝶边缘移动鼠标指针，系统会自动生成紧固点吸附于图像的边缘，如图 2-34 所示。

5. 当移动鼠标指针至蝴蝶的下方时，将出现不能自动吸附图像边缘的情况，此时可依次在要吸附的位置单击，用手工添加紧固点的方法确定选区的边界，如图 2-35 所示。

图 2-34　自动生成的紧固点

图 2-35　手工添加的紧固点

6. 再次沿蝴蝶图像的轮廓边缘移动（或单击鼠标）直至起点位置，在起点位置单击闭合线形，生成的选区如图 2-36 所示。

7. 按 Ctrl+J 组合键将选区内的图像通过复制生成一层，然后将背景层隐藏，效果如图 2-37 所示。

图 2-36　生成的选区

图 2-37　选取的蝴蝶

8. 按 Shift+Ctrl+S 组合键，将此文件另命名为"选取蝴蝶.psd"保存。

2.2.4　利用【色彩范围】命令选择图像

本节将用到一个比较特殊的选择命令——【色彩范围】命令来选取图像，该命令可以选取图像中指定的颜色区域，是在实际工作过程中经常用到的命令。

【案例目的】：通过案例来学习【色彩范围】命令的运用。

【案例内容】：打开图库素材，利用【色彩范围】命令选择照片中的橙色，即选取需要的飘带图像，素材图片及选择后的效果如图 2-38 所示。

图 2-38　图库素材及选择后的效果

【操作步骤】

1. 打开素材文件中"图库\第 02 章"目录下的"飘带.jpg"文件。

2. 执行【选择】/【色彩范围】命令，弹出【色彩范围】对话框，如图 2-39 所示。

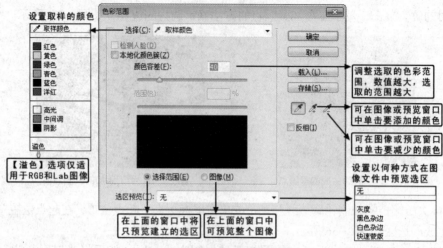

图 2-39 【色彩范围】对话框

3. 确认【色彩范围】对话框中的 ![pen] 按钮和【选择范围】选项处于选择状态,将鼠标指针移动到图像中图 2-40 所示的位置单击,吸取色样。

4. 在【色彩范围】对话框中设置【颜色容差】参数为"200",此时对话框形态如图 2-41 所示。

图 2-40 鼠标指针放置的位置

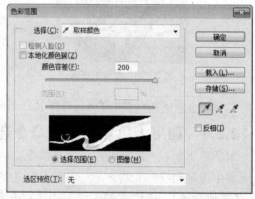

图 2-41 【色彩范围】对话框

提示 　　【色彩范围】对话框的预览窗口中,显示为白色的区域为选取的图像,显示黑色的区域为不选取的图像,如果显示为灰色,将选取出有透明效果的图像。

5. 激活对话框中的 ![pen] 按钮,将鼠标指针移动到图 2-42 所示的位置单击,添加此处的颜色信息。

6. 依次移动鼠标指针至其他灰色区域单击,直至【色彩范围】对话框的预览窗口中显示出图 2-43 所示的图像效果。

7. 单击 确定 按钮,生成的选区如图 2-44 所示。

8. 按 Ctrl+J 组合键将选区内的图像通过复制生成一层,然后将背景层隐藏,效果如图 2-45 所示。

9. 按 Shift+Ctrl+S 组合键,将此文件另命名为"选取飘带.psd"保存。

图 2-42　鼠标指针放置的位置

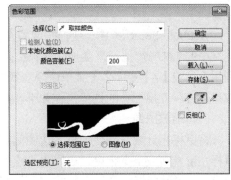

图 2-43　选取的图像效果

图 2-44　生成的选区

图 2-45　选取的图像

2.3　移动工具

　　【移动】工具 ▶️ 是图像处理操作中应用最频繁的工具。利用它，用户可以在当前文件中移动或复制图像，也可以将图像由一个文件移动复制到另一个文件中，还可以对选择的图像进行变换、排列、对齐与分布等操作。

2.3.1　【移动】工具

　　利用【移动】工具 ▶️ 移动图像的方法非常简单，将鼠标指针放在要移动的图像内拖曳，即可移动图像的位置。在移动图像时，按住 Shift 键可以确保图像在水平、垂直或 45º 的倍数方向上移动；配合属性栏及键盘操作，还可以复制和变形图像。

　　【移动】工具的属性栏如图 2-46 所示。

图 2-46　【移动】工具的属性栏

　　默认情况下，【移动】工具属性栏中只有【自动选择】选项和【显示变换控件】选项可用，右侧的对齐和分布按钮只有在满足一定条件后才可用。勾选【自动选择】复选框后，在移动图像时将自动选择图层或组。

　　● 选择【组】选项，移动图像时，会同时移动该图层所在的图层组。

　　● 选择【图层】选项，移动图像时，将移动图像中光标所在位置上第一个有可见像素的图层。

2.3.2　变换图像

　　勾选属性栏中的【显示变换控件】复选框，图像文件中会根据当前层（背景层除外）图像的大小出现虚线的定界框。定界框的四周有 8 个小矩形，称为调节点；中间的符号为调节中心。将鼠标指针放置在定界框的调节点上按住鼠标左键拖曳，可以对定界框中的图像进行变换调节。

在 Photoshop CS6 中，变换图像的方法主要有 3 种：一是直接利用【移动】工具并结合属性栏中的 显示变换控件 选项来变换图像；二是利用【编辑】/【自由变换】命令来变换图像；三是利用【编辑】/【变换】子菜单命令变换图像。但无论使用哪种方法，都可以得到相同的变换效果。各种变换形态的具体操作如下。

一、缩放图像

将鼠标指针放置到变换框各边中间的调节点上，当鼠标指针显示为 ↔ 或 ↕ 形状时，按下鼠标左键左右或上下拖曳，可以水平或垂直缩放图像。将鼠标指针放置到变换框 4 个角的调节点上，当鼠标指针显示为 或 形状时，按下鼠标左键并拖曳，可以任意缩放图像。此时，按住 Shift 键可以等比例缩放图像；按住 Alt+Shift 组合键会以变换框的调节中心为基准等比例缩放图像。以不同方式缩放图像时的形态如图 2-47 所示。

图 2-47　以不同方式缩放图像时的形态

二、旋转图像

将鼠标指针移动到变换框的外部，当鼠标指针显示为 或 形状时拖曳鼠标指针，可以围绕调节中心旋转图像，如图 2-48 所示。若按住 Shift 键旋转图像，可以使图像按 15° 角的倍数旋转。

提示　在【编辑】/【变换】命令的子菜单中选择【旋转 180 度】、【旋转 90 度（顺时针）】、【旋转 90 度（逆时针）】、【水平翻转】或【垂直翻转】等命令，可以将图像旋转 180°、顺时针旋转 90°、逆时针旋转 90°、水平翻转或垂直翻转。

三、斜切图像

执行【编辑】/【变换】/【斜切】命令，或按住 Ctrl+Shift 组合键调整变换框的调节点，可以将图像斜切变换，如图 2-49 所示。

图 2-48　旋转图像

图 2-49　斜切变换图像

四、扭曲图像

执行【编辑】/【变换】/【扭曲】命令，或按住 Ctrl 键调整变换框的调节点，可以对图像进行扭曲变形，如图 2-50 所示。

五、透视图像

执行【编辑】/【变换】/【透视】命令，或按住 Ctrl + Alt + Shift 组合键调整变换框的调节点，可以使图像产生透视变形效果，如图 2-51 所示。

图 2-50 扭曲变形图像

图 2-51 透视变形图像

六、变形图像

执行【编辑】/【变换】/【变形】命令，或激活属性栏中的【在自由变换和变形模式之间切换】按钮，变换框将转换为变形框，通过调整变形框可以将图像调整为各种形状。在属性栏中的【变形】下拉列表中选择一种变形样式，可以直接将图像调整为相应的变形效果，如图 2-52 所示。

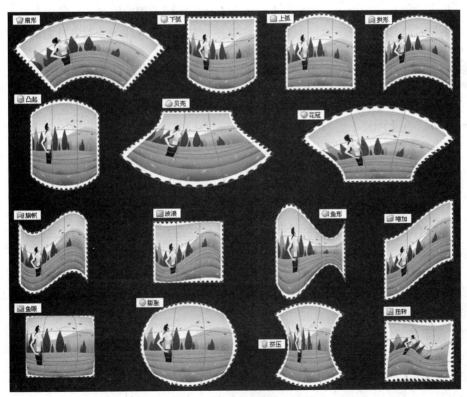

图 2-52 各种变形效果

执行【编辑】/【自由变换】命令，属性栏如图 2-53 所示。

图 2-53　【自由变换】属性栏

- 【参考点位置】图标▦：中间的黑点表示调节中心在变换框中的位置，在任意白色小点上单击，可以定位调节中心的位置。另外，将鼠标指针移动至变换框中间的调节中心上，待鼠标指针显示为▶形状时拖曳，可以在图像中任意移动调节中心的位置。
- 【X】、【Y】：用于精确定位调节中心的坐标。
- 【W】、【H】：分别控制变换框中的图像在水平方向和垂直方向缩放的百分比。激活【保持长宽比】按钮⚭，可以保持图像的长宽比例来缩放。
- 【旋转】按钮⊿：用于设置图像的旋转角度。
- 【H】、【V】：分别控制图像的倾斜角度，【H】表示水平方向，【V】表示垂直方向。
- 【在自由变换和变形模式之间切换】按钮⬚：激活此按钮，可以将自由变换模式切换为变形模式；取消其激活状态，可再次切换到自由变换模式。
- 【取消变换】按钮⊘：单击此按钮（或按 Esc 键），将取消图像的变形操作。
- 【进行变换】按钮✓：单击此按钮（或按 Enter 键），将确认图像的变形操作。

2.3.3　对齐和分布图层

在 Photoshop CS6 中，当要将多个图形进行对齐或分布时，就要利用【移动】工具属性栏中的对齐和分布按钮或【图层】菜单中的【对齐】和【分布】子命令。

- 对齐：在【图层】面板中选择两个或两个以上的图层时，在【图层】/【对齐】子菜单中选取相应的命令，或单击【移动】工具属性栏中相应的对齐按钮，即可将选择的图层进行顶对齐、垂直居中对齐、底对齐、左对齐、水平居中对齐或右对齐。

提示

　　如果选择的图层中包含背景层，其他图层中的内容将以背景层为依据进行对齐。

- 分布：在【图层】面板中选择 3 个或 3 个以上的图层时（不含背景层），在【图层】/【分布】子菜单中选取相应的命令，或单击【移动】工具属性栏中相应的分布按钮，即可将选择的图层在垂直方向上按顶端、垂直中心或底部平均分布，或者在水平方向上按左边、水平中心和右边平均分布。

2.4　渐变工具

【渐变】工具▣可以在图像文件或选区中填充渐变颜色，该工具是表现渐变背景、绘制立体图形、制作发光效果和阴影效果最理想的工具。【渐变】工具▣使用方法非常简单，基本操作步骤介绍如下。

（1）在工具箱中选择【渐变】工具▣。

（2）在图像文件中设置需要填充的图层或创建选区。

（3）在属性栏中设置渐变方式和渐变属性。

（4）打开【渐变编辑器】对话框，选择渐变样式或编辑渐变样式。

（5）将鼠标指针移动到图像文件中，按下鼠标左键拖曳，释放鼠标后即可完成渐变颜色填充。

2.4.1 设置渐变样式

单击属性栏中 右侧的 按钮，弹出图 2-54 所示的【渐变样式】面板。在该面板中显示了许多渐变样式的缩略图，在缩略图上单击即可将该渐变样式选择。

单击【渐变样式】面板右上角的 按钮，弹出菜单列表。在该菜单中下面的命令是系统预设的一些渐变样式，选择后，在弹出的询问面板中，单击 追加(A) 按钮，即可将选择的渐变样式载入到【渐变样式】面板中。载入其他渐变样式后的面板效果如图 2-55 所示。

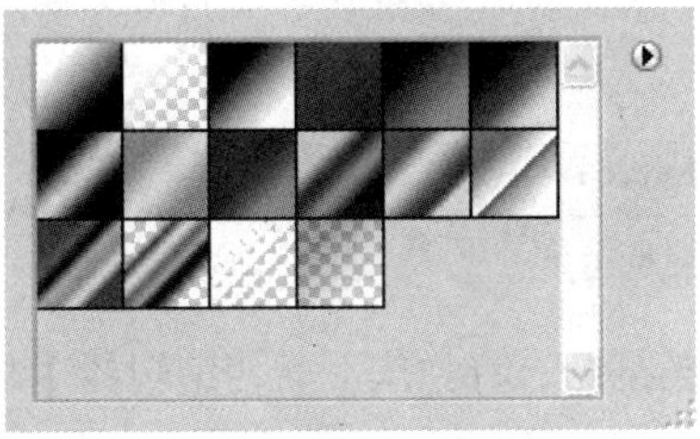

图 2-54 【渐变样式】面板

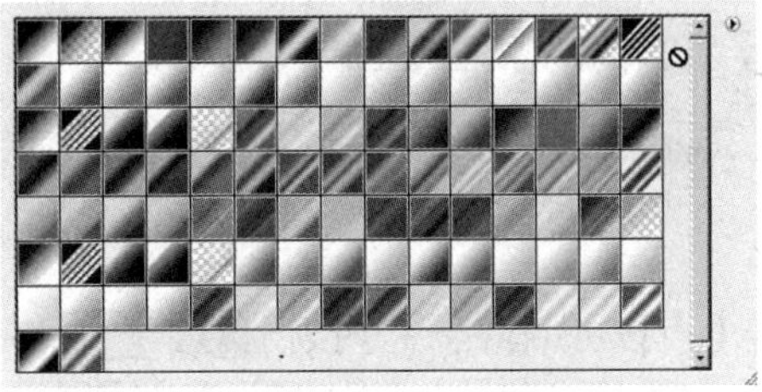

图 2-55 载入的渐变样式

2.4.2 设置渐变方式

【渐变】工具的属性栏中包括【线性渐变】、【径向渐变】、【角度渐变】、【对称渐变】和【菱形渐变】5 种渐变方式。当选择不同的渐变方式时，填充的渐变效果也各不相同。

- 【线性渐变】按钮 ：可以在画面中填充由鼠标指针的起点到终点的线性渐变效果，如图 2-56 所示。
- 【径向渐变】按钮 ：可以在画面中填充以鼠标指针的起点为中心、鼠标指针拖曳距离为半径的环形渐变效果，如图 2-57 所示。

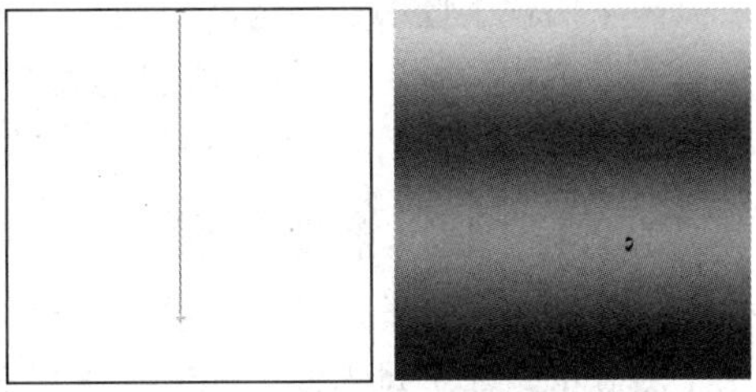

图 2-56 线性渐变的效果

- 【角度渐变】按钮 ：可以在画面中填充以鼠标指针起点为中心、自鼠标指针拖曳方向起旋转一周的锥形渐变效果，如图 2-58 所示。

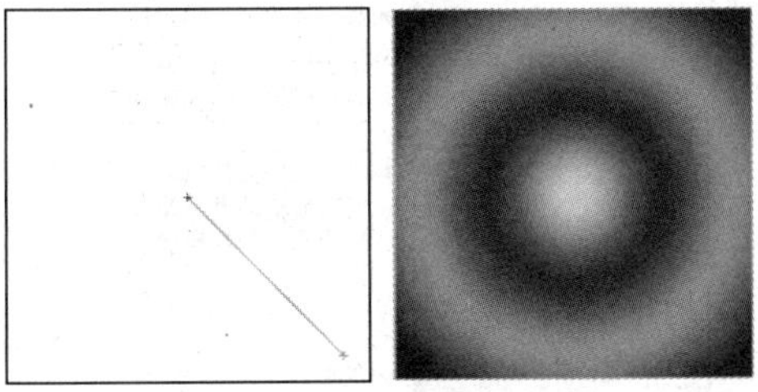

图 2-57 径向渐变的效果

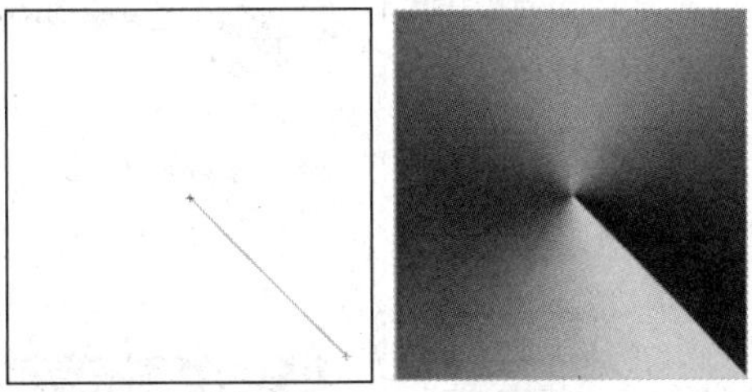

图 2-58 角度渐变的效果

- 【对称渐变】按钮 ：可以产生由鼠标指针起点到终点的线性渐变效果，且以经过鼠标指针起点与拖曳方向垂直的直线为对称轴的轴对称直线渐变效果，如图 2-59 所示。
- 【菱形渐变】按钮 ：可以在画面中填充以鼠标指针的起点为中心，鼠标指针拖曳的距离为半径的菱形渐变效果，如图 2-60 所示。

图 2-59　对称渐变的效果　　　　　图 2-60　菱形渐变的效果

2.4.3　设置渐变选项

合理地设置【渐变】工具属性栏中的渐变选项，可以达到根据要求填充的渐变颜色效果。
【渐变】工具的属性栏如图 2-61 所示。

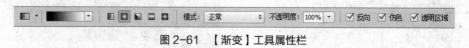

图 2-61　【渐变】工具属性栏

- 【点按可编辑渐变】按钮：单击颜色条部分，将弹出【渐变编辑器】对话框，
  用于编辑渐变色；单击右侧的按钮，将弹出【渐变选项】面板，用于选择已有的渐
  变选项。
- 【模式】选项：与其他工具相同，用来设置填充颜色与原图像所产生的混合效果。
- 【不透明度】选项：用来设置填充颜色的不透明度。
- 【反向】选项：勾选此复选框，在填充渐变色时颠倒填充的渐变排列顺序。
- 【仿色】选项：勾选此复选框，可以使渐变颜色之间的过渡更加柔和。
- 【透明区域】选项：勾选此复选框，【渐变编辑器】对话框中渐变选项的不透明度才会
  生效。否则，将不支持渐变选项中的透明效果。

2.4.4　编辑渐变颜色

在【渐变】工具属性栏中单击【点按可编辑渐变】按钮的颜色条部分，将会弹
出【渐变编辑器】对话框，如图 2-62 所示。

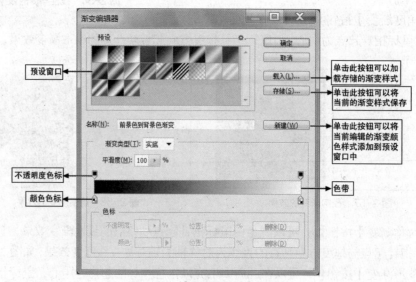

图 2-62　【渐变编辑器】对话框

- 预设窗口：在预设窗口中提供了多种渐变样式，单击某一渐变样式缩略图即可选择该渐变样式。
- 【渐变类型】选项：在此下拉列表中提供了两种渐变类型，分别为【实底】和【杂色】。
- 【平滑度】选项：此选项用于设置渐变颜色过渡的平滑程度。
- 不透明度色标：色带上方的色标称为不透明度色标，它可以根据色带上该位置的透明效果显示相应的灰色。当色带完全不透明时，不透明度色标显示为黑色；色带完全透明时，不透明度色标显示为白色。
- 颜色色标：左侧的色标🏠，表示该色标使用前景色；右侧的色标🏠，表示该色标使用背景色；当色标显示为🏠状态时，则表示使用自定义的颜色。
- 【不透明度】选项：当选择一个不透明度色标后，下方的【不透明度】选项可以设置该色标所在位置的不透明度；【位置】用于控制该色标在整个色带上的百分比位置。
- 【颜色】选项：当选择一个颜色色标后，【颜色】色块显示的是当前使用的颜色，单击该颜色块或在色标上双击，可在弹出的【拾色器】对话框中设置色标的颜色；单击颜色块右侧的▶按钮，可以在弹出的菜单中将色标设置为前景色、背景色或自定颜色。
- 【位置】选项：可以设置色标按钮在整个色带上的百分比位置；单击 删除(D) 按钮，可以删除当前选择的色标。

2.5 设计开业海报

下面将第 2.4 节选取的素材图像进行组合，来设计图 2-63 所示的开业海报。

图 2-63 设计的开业海报

2.5.1 制作海报背景

【案例目的】：在这一小节中将学习利用选择工具绘制图形，以及利用【移动】工具将多个文件中的图像合并到一个图像文件中的方法。

【案例内容】：打开素材文件，然后绘制图形，并利用【移动】工具将多个图像文件进行合并，制作的海报背景如图 2-64 所示。

【操作步骤】

1. 打开素材文件中"图库\第 02 章"目录下的"底纹.jpg"文件。

2. 打开第 2.2.4 小节保存的"选取飘带.psd"文件，然后利用 工具将其移动复制到底纹文件中，并放置到如图 2-65 所示的位置。

图 2-64　制作的海报背景　　　　　　图 2-65　飘带放置的位置

3. 按住 Ctrl 键单击【图层】面板中生成"图层 1"的图层缩览图，添加选区，状态及生成的选区形态如图 2-66 所示。

图 2-66　鼠标指针放置的位置及生成的选区

4. 选取 工具，按住 Shift 键，然后沿飘带选区内部再绘制选区，状态如图 2-67 所示。

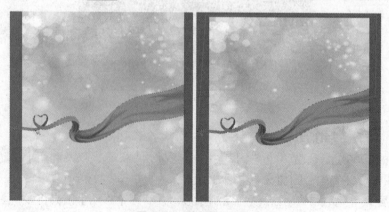

图 2-67　绘制选区状态

5. 闭合选区后，执行菜单栏中的【选择】/【反向】命令，将选区反选，此时的选区形态如图 2-68 所示。

6. 将前景色设置为紫红色（R:210，G:0，B:112），新建"图层 2"，然后为其填充设置的前景色。

7. 执行菜单栏中的【选择】/【取消选择】命令，将选区去除，效果如图 2-69 所示。

图 2-68　生成的选区　　　　　　　图 2-69　填充颜色后的效果

8. 执行【图层】/【图层样式】/【渐变叠加】命令，在弹出的【图层样式】对话框中单击【渐变】选项右侧的色块，在弹出的【渐变编辑器】对话框中单击颜色条右下方的色标将其选择。

9. 单击【渐变编辑器】对话框中左下方【颜色】选项右侧的色块，在弹出的【拾色器（色标颜色）】对话框中将颜色设置为深红色（R:68，G:0，B:3），依次单击 ⬚确定⬚ 按钮，各对话框的状态如图 2-70 所示。

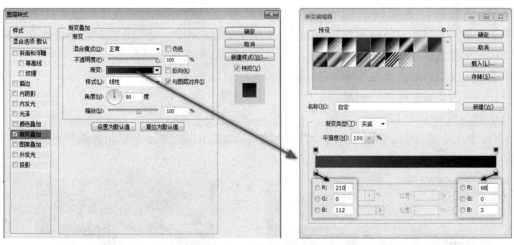

图 2-70　设置的渐变颜色

 知识链接

执行【图层】/【图层样式】/【混合选项】命令，弹出【图层样式】对话框。【图层样式】对话框中设置了 10 种效果。可自行为图形、图像或文字添加需要的样式。【图层样式】对话框的左侧是【样式】选项区，用于选择要添加的样式类型，右侧是参数设置区，用于设置各种样式的参数及选项。

（1）【斜面和浮雕】：通过【斜面和浮雕】选项的设置可以使工作层中的图像或文字产生各种样式的斜面浮雕效果，同时选择【纹理】选项，然后在【图案】选项面板中选择应用于浮雕效果的图案，还可以使图形产生各种纹理效果。

（2）【描边】：通过【描边】选项的设置可以为工作层中的内容添加描边效果，描绘的边缘可以是一种颜色、一种渐变色或者图案。

（3）【内阴影】：通过【内阴影】选项的设置可以在工作层中的图像边缘向内添加阴影，从而使图像产生凹陷效果。在右侧的参数设置区中可以设置阴影的颜色、混合模式、不透明度、光源照射的角度、阴影的距离和大小等参数。

（4）【内发光】：此选项的功能与【外发光】选项的相似，只是此选项可以在图像边缘的内部产生发光效果。

（5）【光泽】：通过【光泽】选项的设置可以根据工作层中图像的形状应用各种光影效果，从而使图像产生平滑过渡的光泽效果。选择此项后，可以在右侧的参数设置区中设置光泽的颜色、混合模式、不透明度、光线角度、距离和大小等参数。

（6）【颜色叠加】：【颜色叠加】样式可以在工作层上方覆盖一种颜色，并通过设置不同的混合模式和不透明度使图像产生类似于纯色填充层的特殊效果。

（7）【渐变叠加】：【渐变叠加】样式可以在工作层的上方覆盖一种渐变叠加颜色，使图像产生渐变填充层的效果。

（8）【图案叠加】：【图案叠加】样式可以在工作层的上方覆盖不同的图案效果，从而使工作层中的图像产生图案填充层的特殊效果。

（9）【外发光】：通过【外发光】选项的设置可以在工作层中图像的外边缘添加发光效果。在右侧的参数设置区中可以设置外发光的混合模式、不透明度、添加的杂色数量、发光颜色（或渐变色）、扩展程度、大小和品质等。

（10）【投影】：通过【投影】选项的设置可以为工作层中的图像添加投影效果，并可以在右侧的参数设置区中设置投影的颜色、与下层图像的混合模式、不透明度、是否使用全局光、光线的投射角度、投影与图像的距离、投影的扩散程度和投影大小等。

叠加渐变颜色后的效果如图 2-71 所示。

10. 打开素材文件中"图库\第 02 章"目录下的"图案.jpg"文件，然后利用 ⊕ 工具将其移动复制到底纹文件中。

11. 执行【编辑】/【自由变换】命令，为图案添加自由变换框，然后将其调整至如图 2-72 所示的大小及位置。

图 2-71　叠加渐变色后的效果

图 2-72　图案调整后的大小及位置

12. 按 $\boxed{\text{Enter}}$ 键，确认图案的调整。

13. 按住 $\boxed{\text{Ctrl}}$ 键单击【图层】面板中"图层 2"的图层缩览图，添加选区。

14. 执行菜单栏中的【选择】/【反向】命令，将选区反选，然后按 $\boxed{\text{Delete}}$ 键，将选区内的图像删除。

15. 执行菜单栏中的【选择】/【取消选择】命令，将选区去除。

16. 按 $\boxed{\text{Ctrl}}$+$\boxed{\text{S}}$ 组合键，将此文件命名为"开业海报.psd"保存。

17. 打开第 2.2.1 小节保存的"选取花 01.psd"文件，然后利用 $\boxed{\text{⊹}}$ 工具将其移动复制到开业海报文件中，并放置到图 2-73 所示的左上角位置。

18. 将鼠标指针移动到花图像位置，然后按住 $\boxed{\text{Alt}}$ 键，此时鼠标指针变为黑色三角形，下面重叠带有白色的三角形，如图 2-74 所示。

图 2-73 花图像放置的位置　　　　图 2-74 鼠标指针形态

19. 在不释放 $\boxed{\text{Alt}}$ 键的同时，向右拖曳鼠标指针，此时的鼠标指针将变为白色的三角形形状，释放鼠标左键后，即可完成图片的移动复制操作，且在【图层】面板中将自动生成"图层 4 副本"层，复制出的图像及【图层】面板如图 2-75 所示。

图 2-75 复制出的图像及【图层】面板

20. 执行【编辑】/【自由变换】命令（快捷键为 $\boxed{\text{Ctrl}}$+$\boxed{\text{T}}$ 组合键），在复制图像的周围将显示自由变换框，然后将鼠标指针放置到变换框右上角的控制点上，当鼠标指针显示为双向箭头时按下并向左下方拖曳，将图像缩小调整。

21. 将鼠标指针移动到变换框内，按下鼠标左键并拖曳，可调整图像的位置，将其移动到如图 2-76 所示的位置。

22. 单击属性栏中的 $\boxed{✔}$ 按钮，完成图像的大小调整，然后用移动复制图像的方法，将其再向右移动复制，如图 2-77 所示。

图 2-76 图像缩小后的形态　　　　图 2-77 移动复制出的图像

23. 再次执行【编辑】/【自由变换】命令，在复制图像的周围显示自由变换框，然后将其缩小调整，并将鼠标指针放置到变换框右上角位置，当鼠标指针显示为旋转符号时向下拖曳，将图像旋转调整，如图 2-78 所示。

 提示 注意，在调整图像的大小时，要将鼠标指针放置到变换框的控制点上，要旋转图像时，是要将鼠标指针放置到变换框的外侧。

24. 单击属性栏中的 ✓ 按钮，完成图像的大小及角度调整，然后将其移动到画面的右上角位置，如图 2-79 所示。

图 2-78　调整图像状态　　　　　　　　图 2-79　图像放置的位置

25. 在【图层】面板中，单击"图层 4"，将该图层设置为工作层，然后用与以上相同的移动复制图像并调整的方法，再次复制花图形，然后移动到如图 2-80 所示的位置。

图 2-80　复制出的花图形

提示 在移动复制图像之前，先将"图层 4"设置为工作层，是因为要复制大的图像再将其调小；如果在小图像的基础上复制图像，再利用【自由变换】命令将图像调大，图像将变得模糊。这一点，希望读者注意。

26. 再次移动复制图像，并调整大小及角度，然后在【图层】面板中，将该图层的【不透明度】参数设置为"50%"，效果如图 2-81 所示。

图 2-81　设置的参数及图像效果

27. 打开第2.2.2小节保存的"选取花02.psd"文件，然后利用 工具将其移动复制到开业海报文件中。

28. 执行【图层】/【排列】/【置为顶层】命令，将生成的图层调整至所有图层的上方，然后将其移动到如图2-82所示的位置。

29. 用移动复制图层的方法将花形图再向左移动复制，如图2-83所示。

图2-82 花图形放置的位置

图2-83 复制出的图形

30. 在【图层】面板中生成的"图层 5 副本"层上按下鼠标左键并向下拖曳，至如图2-84所示的位置和状态时释放鼠标左键，将"图层 5 副本"层调整至"图层 4"的下方，如图2-85所示，画面效果如图2-86所示。

图2-84 调整图层状态

图2-85 调整后的形态

图2-86 图像调整堆叠顺序后的效果

31. 将"图层 5"设置为工作层，然后依次复制出如图2-87所示的花图形。

32. 打开第2.2.2小节保存的"选取花03.psd"文件，然后利用 工具将其移动复制到开业海报文件中，并利用与上面相同的移动复制操作，依次复制出如图2-88所示的花图形。

图2-87 复制出的花图形

图2-88 复制出的花图形

33. 打开素材文件中"图库\第 02 章"目录下的"蝴蝶组合 .psd"文件，然后利用 工具将其移动复制到开业海报文件中，并调整至如图 2-89 所示的位置。

图 2-89　蝴蝶图形放置的位置

34. 按 Ctrl+S 组合键，保存文件。

知识链接

图层的堆叠顺序决定图层内容在画面中的前后位置，即图层中的图像是出现在其他图层的前面还是后面。图层的堆叠顺序不同，产生的图像合成效果也不相同。调整图层堆叠顺序的方法主要有以下两种。

一、拖动鼠标调整

在【图层】面板中要调整堆叠顺序的图层上按下鼠标左键，向上或向下拖曳，将出现一个矩形框跟随鼠标指针移动，当拖动到适当位置后，释放鼠标左键，即可将工作层调整至相应的位置。

二、利用菜单命令调整

执行【图层】/【排列】命令。各种排列命令的功能如下。

● 【置为顶层】命令：可以将工作层移动至【图层】面板的最顶层，快捷键为 Shift+Ctrl+] 组合键。

● 【前移一层】命令：可以将工作层向前移动一层，快捷键为 Ctrl+] 组合键。

● 【后移一层】命令：可以将工作层向后移动一层，快捷键为 Ctrl+[组合键。

● 【置为底层】命令：可以将工作层移动至【图层】面板的最底层，即背景层的上方，快捷键为 Shift+Ctrl+[组合键。

● 【反向】命令：当在【图层】面板中选择多个图层时，选择此命令，可以将当前选择的图层反向排列。

2.5.2　添加文字

海报背景制作完成后，我们来添加文字内容。海报上的文字内容除体现开业信息外，还要有回馈顾客的内容，以此来吸引更多的人前来。

【案例目的】：通过案例，将初步学习利用【文字】工具输入文字并进行编辑的方法。

【案例内容】：利用【文字】工具在海报文件中输入文字并编辑，制作出如图 2-90 所示的海报效果。

扫一扫

图 2-90 彩图

图 2-90 输入的文字内容

【操作步骤】

1. 接上例。打开素材文件中"图库\第 02 章"目录下的"艺术字.jpg"文件，如图 2-91 所示。

2. 执行【选择】/【色彩范围】命令，弹出【色彩范围】对话框，将鼠标指针移动到文字的红色区域单击，拾取要选择的颜色范围，设置【色彩范围】对话框中的参数如图 2-92 所示。

3. 单击 确定 按钮，创建选择范围，然后利用 工具，将除文字外的其他区域去除选区，最终的选区形态如图 2-93 所示。

图 2-91 打开的艺术字

图 2-92 设置的参数

图 2-93 选取的文字

4. 利用 工具，将选取的艺术字移动复制到开业海报文件中，并利用【自由变换】命令将其调整至如图 2-94 所示的大小及位置。

5. 按 Enter 键，确认文字的大小调整。

6. 执行【图层】/【图层样式】/【描边】命令，在弹出的【图层样式】对话框中单击【颜色】选项右侧的色块，将颜色设置为白色，然后将【大小】选项的参数设置为"6"像素，如图 2-95 所示。

图 2-94　文字调整后的大小及位置

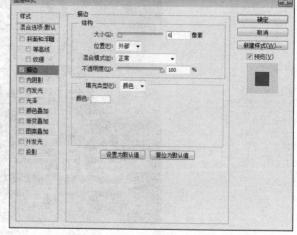

图 2-95　设置的描边选项

7. 单击【渐变叠加】选项，启用渐变叠加，然后单击右侧【渐变】选项色块上的倒三角按钮，在弹出的选项窗口中选择如图 2-96 所示的渐变颜色。

8. 单击【投影】选项，启用投影，然后单击右上角的色块，将颜色设置为深红色（R:185，G:0，B:80）。

9. 设置【投影】的其他选项及参数如图 2-97 所示。

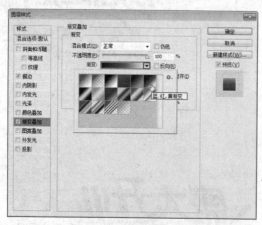

图 2-96　设置的渐变颜色

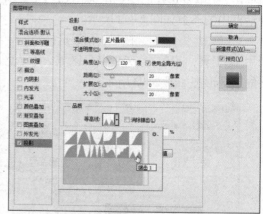

图 2-97　设置的投影参数

10. 单击 [　确定　] 按钮，文字添加图层样式后的效果如图 2-98 所示。

11. 打开第 2.2.3 小节保存的"选取蝴蝶.psd"文件，然后利用 [✛] 工具将其移动复制到底纹文件中。

12. 执行【编辑】/【变换】/【水平翻转】命令，将蝴蝶图形水平翻转，然后利用【自由变换】命令将其缩小，按 [Enter] 键确认调整后，放置到如图 2-99 所示的位置。

13. 打开素材文件中"图库\第 02 章"目录下的"礼物.psd"文件，然后利用 [✛] 工具将其移动复制到开业海报文件中，并利用步骤 12 相同的方法，对其进行调整，礼物图片放置的位置如图 2-100 所示。

图 2-98 艺术字效果

图 2-99 添加的蝴蝶图形

下面来输入文字。

14. 选择 T. 工具，并单击属性栏中的 按钮，然后在弹出的【字符】面板中设置各选项，如图 2-101 所示。

图 2-100 添加的礼物图形

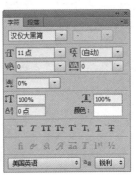

图 2-101 设置的【字符】选项

15. 将鼠标指针移动到"钜惠"文字的左下方位置单击，确定输入文字的起点，然后选择合适的中文输入法，依次输入如图 2-102 所示的文字。

16. 单击属性栏中的 按钮，即可完成文字的输入操作。

17. 用与以上相同的方法，依次输入如图 2-103 所示的文字内容，即可完成开业海报的设计。

图 2-102 输入的文字

图 2-103 输入的文字

18. 按 Ctrl+S 组合键，保存文件。

2.6 课堂实训

下面灵活运用本章所学的工具和菜单命令，以及案例的制作方法，来设计其他两种形式的开业海报。

2.6.1　开业海报（一）

【案例目的】：让读者自己动手设计出另一种形式的开业海报，在设计之前，客户要求海报画面简洁，突出主题即可。

【案例内容】：打开图库素材，选择需要的图像进行合成。制作的海报效果如图 2-104 所示。

扫一扫

图 2-104 彩图

图 2-104　制作的开业海报

【操作步骤】

1. 打开素材文件中"图库\第 02 章"目录下的"背景.jpg"和"花头.jpg"文件。
2. 将"花头"选取，移动复制到"背景"文件，并复制一个进行大小和位置的调整。
3. 将"开业海报.psd"文件中的效果字移动复制到"背景"文件中，并修改渐变颜色。
4. 依次输入文字，即可完成海报的设计。

2.6.2　开业海报（二）

【案例目的】：在设计此开业海报之前，客户要求选用红色调，以突出喜庆的气氛。连续设计几种形式的海报，目的是让读者达到举一反三、学以致用的目的。

【案例内容】：打开"星光背景"图库素材，输入文字内容，制作的海报效果如图 2-105 所示。

扫一扫

图 2-105 彩图

图 2-105　制作的开业海报

【操作步骤】

1. 打开素材文件中"图库\第 02 章"目录下的"星光背景.jpg"文件。

2. 选择 T 工具，并单击属性栏中的 ▤ 按钮，然后在弹出的【字符】面板中设置各选项，如图 2-106 所示。

3. 在画面的上方输入如图 2-107 所示的字母。

图 2-106　【字符】选项　　　　　　　　图 2-107　输入的字母

4. 利用【图层样式】命令，为文字添加效果，各参数设置如图 2-108 所示。

图 2-108　设置的【图层样式】参数

字母添加图层样式后的效果如图 2-109 所示。

5. 用与以上相同的方法，制作出下方的文字，如图 2-110 所示。

图 2-109　添加图层样式后的效果　　　　图 2-110　制作的文字效果

6. 按住 Shift+Ctrl 组合键依次单击【图层】面板中"OPEN""新店开业"和"!"层的图层缩览图，加载如图 2-111 所示的选区。

7. 执行【选择】/【修改】/【扩展】命令，在弹出的【扩展选区】对话框中，将【扩展量】选项设置为"20"像素，单击 确定 按钮。

图 2-111　　加载的选区

8. 执行【选择】/【修改】/【羽化】命令，在弹出的【羽化选区】对话框中，将【羽化半径】选项设置为 "10" 像素，单击 确定 按钮。

9. 单击 "背景" 层，将其设置为工作层，然后执行【图层】/【新建】/【图层】命令，在弹出的【新建图层】对话框中单击 确定 按钮，新建 "图层 1"。

10. 将前景色设置为土黄色（R:236,G:196, B:120），按 Alt + Backspace 组合键，将设置的前景色填充至 "图层 1" 的选区中。

11. 将 "图层 1" 的【图层混合模式】选项设置为 "颜色减淡"，【不透明度】选项设置为 "70%"，【图层】面板及生成的效果如图 2-112 所示。

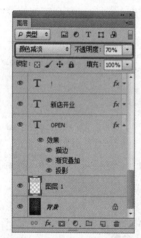 

图 2-112　　【图层】面板及生成的效果

12. 依次输入其他文字。

13. 打开素材文件中 "图库\第 02 章" 目录下的 "摇一摇.jpg" 文件。

14. 将 "摇一摇" 图像选取移动复制到 "星光背景" 文件，并为其添加投影效果，即可完成海报的设计。

2.7　小结

本章通过制作几种形式的海报，具体讲解了选择工具、选择命令及移动工具的使用方法。这些工具在实际的作品绘制中经常用到，只有将这些基本工具牢固掌握，才能够顺利地进入后面章节内容的学习，这也是熟练应用 Photoshop 的关键一步。通过本章内容的学习，希望读者能将这些工具熟练掌握，并能够自己动手设计出其他样式的海报效果。

2.8 课后练习

1. 在素材文件中打开"图库\第02章"目录下名为"画框.jpg"和"风景画.jpg"的文件，如图 2-113 所示。灵活运用【移动】工具，将两幅图像进行合成，制作出如图 2-114 所示的装饰画效果。

图 2-113 打开的图片　　　　　　　　　　　图 2-114 制作的装饰画效果

2. 在素材文件中打开"图库\第02章"目录下名为"美女.jpg"和"蝴蝶图形.jpg"的文件，如图 2-115 所示。灵活运用【移动】工具、选区工具和【变换】命令对人物相片进行装饰，制作出如图 2-116 所示的效果。

图 2-115 打开的图片　　　　　　　　　　　图 2-116 制作的图像效果

3. 在素材文件中打开"图库\第02章"目录下名为"蓝色背景.psd""冰激凌.psd""冰激凌 01.jpg""冰激凌 02.jpg""冰激凌 03.jpg""艺术字 01.jpg"和"艺术字 02.jpg"的图片文件，如图 2-117 所示。然后灵活运用各种选区工具，将需要的图像在素材图片中选取，并组合出如图 2-118 所示的海报画面。

图 2-117 用到的素材图片　　　　　　　　　图 2-118 组合的广告画面

4. 在素材文件中打开"图库\第 02 章"目录下名为"音乐.jpg""花.psd"和"矢量蝴蝶.jpg"的图片文件，如图 2-119 所示。然后灵活运用各种选区工具，将需要的图像在素材图片中选取，并组合出图 2-120 所示的海报画面。

图 2-119　用到的素材图片

图 2-120　制作的海报效果

　　本章以用图片对网店进行各种样式的修饰为例，来详细介绍路径工具、绘画工具和各种编辑图像工具的应用。具体操作包括抠选复杂图像、为照片添加水印效果、去除水印及制作景深效果等。这些操作都是在图像处理过程中经常用到的，希望读者能对讲解的工具认真学习，达到熟练掌握的水平。

3.1　路径工具

　　路径是由一条或多条线段、曲线组成的，每一段都有锚点标记，通过编辑路径的锚点，可以很方便地改变路径的形状。路径的构成说明图如图 3-1 所示。其中角点和平滑点都属于路径的锚点，选中的锚点显示为实心方形，而未选中的锚点显示为空心方形。

　　在曲线路径上，每个选中的锚点将显示一条或两条调节柄，调节柄以控制点结束。调节柄和控制点的位置决定曲线的大小和形状，移动这些元素将改变路径中曲线的形状。

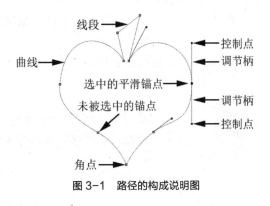

图 3-1　路径的构成说明图

提示　　路径不是图像中的真实像素，而只是一种矢量绘图工具，对图像进行放大或缩小调整时，不会对路径产生任何影响。

3.1.1　路径工具

　　路径工具是一种矢量绘图工具，主要包括【钢笔】、【自由钢笔】、【添加锚点】、【删除锚点】、【转换点】、【路径选择】和【直接选择】工具，利用这些工具可以精确地绘制直线或光滑的曲线路径，并可以对它们进行精确地调整。

一、【钢笔】工具

　　选择【钢笔】工具，在图像文件中依次单击，可以创建直线形态的路径；拖曳鼠标指针可以创建平滑流畅的曲线路径。将鼠标指针移动到第一个锚点上，当笔尖旁出现小圆圈时，单击可创建闭合路径；在未闭合路径之前按住 Ctrl 键在路径外单击，可完成开放路径的绘制。在绘制直线路径时，按住 Shift 键，可以限制在 45° 角的倍数方向绘制路径；在绘制曲线路径时，确定锚点后，按住 Alt 键拖曳鼠标指针可以调整控制点。释放 Alt 键和鼠标左键，重新移动鼠标指针至合适的位置拖曳，可创建锐角的曲线路径。

【钢笔】工具的属性栏如图 3-2 所示。

图 3-2 【钢笔】工具的属性栏

使用路径工具，可以轻松绘制出各种形式的矢量图形和路径，具体绘制图形还是路径，取决于属性栏中左侧的选项。单击 路径 按钮，可显示其他选项。

（1） 形状 ：选择此选项，可以创建用前景色填充的图形，同时在【图层】面板中自动生成包括图层缩览图和矢量蒙版缩览图的形状层，并在【路径】面板中生成矢量蒙版。双击图层缩览图可以修改形状的填充颜色。当路径的形状调整后，填充的颜色及添加的效果会跟随一起发生变化。

（2） 路径 ：选择此选项，可以创建普通的工作路径，此时【图层】面板中不会生成新图层，仅在【路径】面板中生成工作路径。

（3） 像素 ：选择此选项，可以绘制用前景色填充的图形，但不在【图层】面板中生成新图层，也不在【路径】面板中生成工作路径。注意，使用【钢笔】工具时此选项显示灰色，只有使用【矢量形状】工具时才可用。

● 【建立】选项：是 Photoshop CS6 新增加的选项，可以使路径与选区、蒙版和形状间的转换更加方便、快捷。绘制完路径后，右侧的按钮才变得可用。单击 选区… 按钮，可将当前绘制的路径转换为选区；单击 蒙版 按钮，可创建图层蒙版；单击 形状 按钮，可将绘制的路径转换为形状图形，并以当前的前景色填充。

提示 注意 蒙版 按钮只有在普遍图层上绘制路径后才可用，如在背景层或形状层上绘制路径，该选项显示为灰色。

● 运算方式 ：单击此按钮，在弹出的下拉列表中选择选项，可对路径进行相加、相减、相交或反交运算，该按钮的功能与选区运算相同。

● 路径对齐方式 ：可以设置路径的对齐方式，当有两条以上的路径被选择时才可用。

● 路径排列方式 ：设置路径的排列方式。

● 【选项】按钮 ，单击此按钮，将弹出【橡皮带】选项，勾选此复选框，在创建路径的过程中，当鼠标移动时，会显示路径轨迹的预览效果。

● 【自动添加/删除】选项：在使用【钢笔】工具绘制图形或路径时，勾选此复选框，【钢笔】工具将具有【添加锚点】工具和【删除锚点】工具的功能。

● 【对齐边缘】选项：将矢量形状边缘与像素网格对齐，只有选择 形状 选项时该选项才可用。

二、【自由钢笔】工具

利用【自由钢笔】工具 在图像文件中的相应位置拖曳鼠标指针，便可绘制出路径，并且在路径上自动生成锚点。当鼠标指针回到起始位置时，右下角会出现一个小圆圈，此时释放鼠标左键即可创建闭合钢笔路径；鼠标指针回到起始位置之前，在任意位置释放鼠标左键可以绘制一条开放路径；按住 Ctrl 键释放鼠标左键，可以在当前位置和起点之间生成一段闭合路径。另外，在绘制路径的过程中，按住 Alt 键单击，可以绘制直线路径；拖曳鼠标指针可以绘制自由路径。

【自由钢笔】工具的属性栏与【钢笔】工具的属性栏基本相同，只是将【自动添加/删除】选项变成了【磁性的】选项。勾选此复选框，【自由钢笔】工具将具有磁性功能，可以像【磁性套索】工具一样自动查找不同颜色的边缘。

单击 按钮，将弹出【自由钢笔选项】面板，如图 3-3 所示。在该面板中可以定义路径对齐图像边缘的范围和灵敏度及所绘路径的复杂程度。

图 3-3 【自由钢笔选项】面板

- 【曲线拟合】：用于控制生成的路径与鼠标指针移动轨迹的相似程度。数值越小，路径上产生的锚点越多，路径形状越接近鼠标指针的移动轨迹。
- 【磁性的】：其下的【宽度】、【对比】和【频率】分别用于控制产生磁性的宽度范围、查找颜色边缘的灵敏度和路径上产生锚点的密度。
- 【钢笔压力】：如果计算机连接了外接绘图板绘画工具，勾选此复选框，将应用绘图板的压力更改钢笔的宽度，从而决定自由钢笔绘制路径的精确程度。

三、【添加锚点】和【删除锚点】工具

选择【添加锚点】工具 ，将鼠标指针移动到要添加锚点的路径上，当鼠标指针显示为 符号时单击，即可在路径的单击处添加锚点，此时不会更改路径的形状。如在单击的同时拖曳鼠标指针，可在路径的单击处添加锚点，并可以更改路径的形状。

选择【删除锚点】工具 ，将鼠标指针移动到要删除的锚点上，当鼠标指针显示为 符号时单击，即可将路径上单击的锚点删除，此时路径的形状将重新调整以适合其余的锚点。在路径的锚点上单击后并拖曳鼠标指针，可重新调整路径的形状。

四、【转换点】工具

利用【转换点】工具 可以使锚点在角点和平滑点之间进行转换，并可以调整调节柄的长度和方向，以确定路径的形状。

（1）平滑点转换为角点

利用【转换点】工具 在平滑点上单击，可以将平滑点转换为没有调节柄的角点；当平滑点两侧显示调节柄时，拖曳鼠标指针调整调节柄的方向，使调节柄断开，可以将平滑点转换为带有调节柄的角点。

（2）角点转换为平滑点

在路径的角点上向外拖曳鼠标指针，可在锚点两侧出现两条调节柄，将角点转换为平滑点。按住 Alt 键在角点上拖曳鼠标指针，可以调整角点一侧的路径形状。

（3）调整调节柄编辑路径

利用【转换点】工具 调整带调节柄的角点或平滑点一侧的控制点，可以调整锚点一侧的曲线路径的形状；按住 Ctrl 键调整平滑锚点一侧的控制点，可以同时调整平滑点两侧的路径形态。按住 Ctrl 键在锚点上拖曳鼠标指针，可以移动该锚点的位置。

五、【路径选择】工具

利用工具箱中【路径选择】工具 可以对路径和子路径进行选择、移动、对齐和复制等

操作。当子路径上的锚点全部显示为黑色时，表示该子路径被选择。

（1）【路径选择】工具的选项

在工具箱中选择【路径选择】工具 ，其属性栏如图 3-4 所示。

64

图 3-4 【路径选择】工具的属性栏

- 当选择形状图形时，【填充】和【描边】选项才可用，此时可对选择形状图形的填充颜色和描边颜色进行修改，同时还可设置描边的宽度及线形。
- 【W】和【H】选项：用于设置选择形状图形的宽度及高度，激活 ⚬ 按钮，将保持长宽比例。
- 【约束路径拖动】选项：默认情况下，利用 工具调整路径的形态时，锚点相邻的边也会做整体调整；当勾选此复选框后，将只能对两个锚点之间的线段做调整。

（2）选择、移动和复制子路径

利用工具箱中的 工具可以对路径和子路径进行选择、移动和复制操作。

- 选择工具箱中的 工具，单击子路径可以将其选择。
- 在图像窗口中拖曳鼠标指针，鼠标指针拖曳范围内的子路径可以同时选择。
- 按住 Shift 键，依次单击子路径，可以选择多个子路径。
- 在图像窗口中拖曳被选择的子路径可以进行移动。
- 按住 Alt 键，拖曳被选择的子路径，可以将被选择的子路径进行复制。
- 拖曳被选择的子路径至另一个图像窗口，可以将子路径复制到另一个图像文件中。
- 按住 Ctrl 键，在图像窗口中选择路径， 工具切换为【直接选择】工具 。

六、【直接选择】工具

【直接选择】工具 可以选择和移动路径、锚点及平滑点两侧的方向点。选择工具箱中的 工具，单击路径，其上显示出白色的锚点，这时锚点并没有被选择。

- 单击路径上的锚点可以将其选择，被选择的锚点显示为黑色。
- 在路径上拖曳鼠标指针，鼠标拖曳范围内的锚点可以同时被选择。
- 按住 Shift 键，依次单击锚点，可以选择多个锚点。
- 按住 Alt 键，单击路径，可以选择整个路径。
- 在图像中拖曳两个锚点间的一段路径，可以直接调整这一段路径的形态和位置。
- 在图像窗口中拖曳被选择的锚点可以将其移动。
- 拖曳平滑点两侧的方向点，可以改变其两侧曲线的形态。
- 按住 Ctrl 键，在图像窗口中选择路径， 工具将切换为 工具。

3.1.2 图形工具

矢量图形工具主要包括【矩形】工具、【圆角矩形】工具、【椭圆】工具、【多边形】工具、【直线】工具和【自定形状】工具。它们的使用方法非常简单，选择相应的工具后，在图像文件中拖曳鼠标指针，即可绘制出需要的矢量图形。

一、【矩形】工具

使用【矩形】工具 ，可以在图像文件中绘制矩形。按住 Shift 键可以绘制正方形。

当 工具处于激活状态时，单击属性栏中的 ⚙ 按钮，系统弹出如图 3-5 所示的【矩形选项】面板。

- 【不受约束】：点选此单选项后，在图像文件中拖曳鼠标
  可以绘制任意大小和任意长宽比例的矩形。

图 3-5　【矩形选项】面板

- 【方形】：点选此单选项后，在图像文件中拖曳鼠标可以
  绘制正方形。

- 【固定大小】：点选此单选项后，在后面的文本框中设置固定的长宽值，再在图像文件
  中拖曳鼠标，只能绘制固定大小的矩形。
- 【比例】：选择此选项后，在后面的文本框中设置矩形的长宽比例，再在图像文件中拖
  曳鼠标，只能绘制设置的长宽比例的矩形。
- 【从中心】：勾选此复选框后，在图像文件中以任何方式创建矩形时，鼠标指针的起点
  都为矩形的中心。

二、【圆角矩形】工具

使用【圆角矩形】工具⬜，可以在图像文件中绘制具有圆角的矩形。当属性栏中的【半径】值为"0"时，绘制出的图形为矩形。

【圆角矩形】工具⬜的用法和属性栏都同【矩形】工具相似，只是属性栏中多了一个【半径】选项，此选项主要用于设置圆角矩形的平滑度，数值越大，边角越平滑。

三、【椭圆】工具

使用【椭圆】工具⬭，可以在图像文件中绘制椭圆图形。按住 Shift 键，可以绘制圆形。
【椭圆】工具⬭的用法及属性栏与【矩形】工具的相同，在此不再赘述。

四、【多边形】工具

使用【多边形】工具⬟，可以在图像文件中绘制正多边形或星形。在其属性栏中可以设置多边形或星形的边数。

【多边形】工具⬟是绘制正多边形或星形的工具。在默认情况下，激活此按钮后，在图像文件中拖曳鼠标指针可绘制正多边形。【多边形】工具的属性栏也与【矩形】工具的相似，只是多了一个设置多边形或星形边数的【边】选项。单击属性栏中的⚙按钮，系统将弹出图 3-6 所示的【多边形选项】面板。

图 3-6　【多边形选项】面板

- 【半径】：用于设置多边形或星形的半径长度。设置相应的参数后，只能绘制固定大小
  的正多边形或星形。
- 【平滑拐角】：勾选此复选框后，在图像文件中拖曳鼠标指针，可以绘制圆角效果的正
  多边形或星形。
- 【星形】：勾选此复选框后，在图像文件中拖曳鼠标指针，可以绘制边向中心位置缩进
  的星形图形。
- 【缩进边依据】：在右边的文本框中设置相应的参数，可以限定边缩进的程度，取值范
  围为 1%～99%，数值越大，缩进量越大。只有勾选了【星形】复选框后，此选项才可
  以设置。
- 【平滑缩进】：此选项可以使多边形的边平滑地向中心缩进。

五、【直线】工具

使用【直线】工具╱，可以绘制直线或带有箭头的线段。在其属性栏中可以设置直线或箭头的粗细及样式。按住 Shift 键，可以绘制方向为 45° 倍数的直线或箭头。

【直线】工具 的属性栏也与【矩形】工具的相似，只是多了一个设置线段或箭头粗细的【粗细】选项。单击属性栏中的 按钮，系统将弹出如图 3-7 所示的【箭头】面板。

- 【起点】：勾选此复选框后，在绘制线段时起点处带有箭头。
- 【终点】：勾选此复选框后，在绘制线段时终点处带有箭头。
- 【宽度】：在后面的文本框中设置相应的参数，可以确定箭头宽度与线段宽度的百分比。

图 3-7　【箭头】面板

- 【长度】：在后面的文本框中设置相应的参数，可以确定箭头长度与线段长度的百分比。
- 【凹度】：在后面的文本框中设置相应的参数，可以确定箭头中央凹陷的程度。其值为正值时，箭头尾部向内凹陷；其值为负值时，箭头尾部向外凸出；其值为"0"时，箭头尾部平齐，如图 3-8 所示。

图 3-8　当【凹度】数值设置为"50""-50"和"0"时绘制的箭头图形

六、【自定形状】工具

使用【自定形状】工具 ，可以在图像文件中绘制出各类不规则的图形和自定义图案。

【自定形状】工具 的属性栏也与【矩形】工具的相似，只是多了一个【形状】选项，单击此选项后面的 按钮，系统会弹出图 3-9 所示的【自定形状选项】面板。

在面板中选择所需要的图形，然后在图像文件中拖曳鼠标，即可绘制相应的图形。

单击面板右上角的 按钮，在弹出的下拉菜单中选择【全部】命令，在再次弹出的询问面板中单击 确定 按钮，即可将全部的图形显示，如图 3-10 所示。

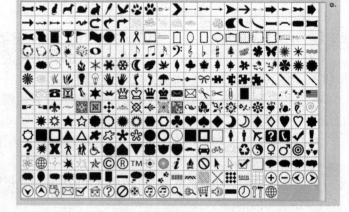

图 3-9　【自定形状选项】面板　　　　图 3-10　全部显示的图形

再次单击 按钮，在弹出的下拉菜单中选择【复位形状】命令，在再次弹出的询问面板中单击 确定 按钮，可恢复默认的图形显示。

3.1.3　【路径】面板

对路径进行应用的操作都是在【路径】面板中进行的，【路径】面板主要用于显示绘图过程中存储的路径、工作路径和当前矢量蒙版的名称及缩略图，并可以快速地在路径和选区之间进行转换，还可以用设置的颜色为路径描边或在路径中填充。

下面来介绍【路径】面板的一些相关功能。【路径】面板如图 3-11 所示。

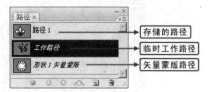

图 3-11　【路径】面板

一、基本操作

当前文件中的工作路径堆叠在【路径】面板靠上部分，其中左侧为路径的缩览图，显示路径的缩览图效果，右侧为路径的名称。

- 在【路径】面板中单个路径上按下鼠标并向上或向下拖曳，可移动该路径的堆叠位置。
- 在【路径】面板中单击相应的路径就可以将路径打开，使其在图像窗口中显示，以进行各种操作。
- 单击【路径】面板下方的灰色区域，可以隐藏路径，使其不在图像中显示。也可在激活路径工具的情况下，按 Esc 键隐藏路径。
- 双击路径的名称，可以对路径的名称进行修改。

二、功能按钮

- 【用前景色填充路径】按钮 ● ：单击此按钮，将以前景色填充创建的路径。
- 【用画笔描边路径】按钮 ○ ：单击此按钮，将以前景色为创建的路径进行描边，其描边宽度为一个像素。
- 【将路径作为选区载入】按钮 ▦ ：单击此按钮，可以将创建的路径转换为选区。
- 【从选区生成工作路径】按钮 ◇ ：确认图形文件中有选区，单击此按钮，可以将选区转换为路径。
- 【添加蒙版】按钮 ▣ ：当页面中有路径的情况下单击此按钮，可为当前层添加图层蒙版，如当前层为背景层，将直接转换为普通层。当页面中有选区的情况下单击此按钮，将以选区的形式添加图层蒙版，选区以外的图像会被隐藏。
- 【新建路径】按钮 ▫ ：单击此按钮，可在【路径】面板中新建一个路径。若【路径】面板中已经有路径存在，将鼠标指针放置到创建的路径名称处，按下鼠标左键向下拖曳至此按钮处释放鼠标，可以完成路径的复制。
- 【删除当前路径】按钮 🗑 ：单击此按钮，可以删除当前选择的路径。

3.1.4　综合案例——抠选图像

网店用图大多是网店店主自己拍摄照片上传于网络，但由于每个人拍摄的水平有限，将拍出来的照片直接上传使用，效果往往不好。因此要对图片进行修饰，最常见的就是抠选图像。而在选取这类图像时，利用之前学过的选取工具并不能精确地选择，这时候就可以灵活运用路径工具来选取。

【案例目的】：通过【路径】工具来选取需要的图像，从而学会利用路径选取复杂图像的方法。

【案例内容】：打开图库素材，利用【钢笔】工具 ✐ 选择背景中的人物图像，然后将其移动到已经制作好的网店模板中，素材图片及合成后的效果如图 3-12 所示。

扫一扫

图 3-12 右图彩图

图 3-12　素材图片及合成后的效果

【操作步骤】

1. 打开素材文件中"图库\第 03 章"目录下的"人物.jpg"文件。

2. 按两次 F 键,将窗口切换成全屏模式显示,将鼠标指针移动到工作界面左侧,此时将弹出工具箱。

在使用 ✎ 工具选择图像或去除图像的背景时,为了操作更加快捷和方便,选择的图像更加精确,可以先将图像窗口设置为全屏模式显示。
要想取消图像的全屏显示,可按 Esc 键。
提示

3. 选取【缩放】工具 🔍 ,将人物头部区域放大显示,然后利用【抓手】工具 ✋ ,在画面中按下并拖曳,将画面调整至如图 3-13 所示的显示状态。

4. 选取【钢笔】工具 ✎ ,然后在属性栏中选择 路径 ⬦ 选项,再将鼠标指针移动到如图 3-14 所示的位置。

图 3-13　调整后的图像显示状态　　　　图 3-14　鼠标指针放置的位置

5. 单击鼠标左键确定起始点的位置,然后移动鼠标指针,在图像边缘的转折处单击,确定第 2 个控制点的位置,如图 3-15 所示。

6. 用相同的方法,根据人物图像的边缘依次添加控制点。

由于画面放大显示了,所以只能看到画面中的部分图像,在添加路径控制点时,当绘制到窗口的边缘位置后就无法再继续添加了,如图 3-16 所示。此时可以按住 Space 键,将当前工具暂时切换成【抓手】工具,平移图像后再进行路径的绘制。
提示

7. 按住 $\boxed{\text{Space}}$ 键，此时鼠标指针变为抓手形状，按住鼠标左键向上拖曳，平移图像在窗口中的显示位置，如图 3-17 所示。

图 3-15　确定的第 2 个控制点

图 3-16　添加的控制点

8. 释放 $\boxed{\text{Space}}$ 键，鼠标指针变为钢笔形状，继续单击进行路径的绘制。

9. 当绘制路径的终点与起点重合时，在鼠标指针的右下角将出现一个圆圈，如图 3-18 所示，此时单击即可将路径闭合，闭合后的路径如图 3-19 所示。

图 3-17　平移图像时的状态

图 3-18　显示的小圆圈

接下来利用 工具对绘制的路径进行圆滑调整。

10. 选取【转换点】工具，将鼠标指针放置在路径的控制点上，按住鼠标左键并拖曳，此时出现两条控制柄，如图 3-20 所示。

图 3-19　绘制的路径

图 3-20　出现的两条控制柄

11. 调整控制柄使路径平滑后释放鼠标左键。此时，如将鼠标指针放置在其中一个控制柄上再进行拖曳调整，另外一个控制柄会被锁定。

提示

如果控制点添加的位置没有紧贴于图像轮廓上，可以按住 Ctrl 键，将鼠标指针放置在控制点上拖曳，调整其位置。

12. 用同样的方法，利用 工具对路径上的其他控制点进行调整，调整控制点时同样会出现两个对称的控制柄，如图 3-21 所示。

13. 利用 工具对控制点依次进行调整，使路径紧贴人物的轮廓边缘，如图 3-22 所示。

图 3-21　调整控制点时的状态

图 3-22　路径调整的最终效果

14. 打开【路径】面板，然后单击路径面板底部的 按钮，将路径转换为选区，如图 3-23 所示。

15. 执行【图层】/【新建】/【通过拷贝的图层】命令，将选区中的图像通过复制生成一个新的图层。

16. 在【图层】面板中单击"背景"层，将其设置为工作层，然后为其填充白色，效果如图 3-24 所示。

图 3-23　生成的选区

图 3-24　选取出的图像

至此，人物图像就精确地选取出来了。

17. 按 Shift+Ctrl+S 组合键，将此文件命名为"选取人物.psd"另存。

接下来打开已经设计好的网店模板文件，将人物图片置入，即可查看网页效果。

18. 打开素材文件中"图库\第 03 章"目录下的"网页模板一.psd"文件。

19. 将"图层 1"中选取的人物移动复制到该文件中，然后执行【编辑】/【自由变换】命令，将人物图像调整至如图 3-25 所示的大小及位置，并按 Enter 键确认。

20. 按 Shift+Ctrl+S 组合键，将此文件命名为"网页效果一.psd"另存。

图 3-25　人物图像调整后的大小及位置

3.2　绘画工具组

绘画工具组中包括【画笔】工具 、【铅笔】工具 、【颜色替换】工具 和【混合器画笔】工具 ，这 4 个工具的主要功能是用来绘制图形和修改图像颜色，灵活运用好绘画工具，可以绘制出各种各样的图像效果，使设计者的思想被最大限度地表现出来。

3.2.1　【画笔】工具

选择【画笔】工具 ，先在工具箱中设置前景色的颜色，即画笔的颜色，并在【画笔】对话框中选择合适的笔头，然后将鼠标指针移动到新建或打开的图像文件中单击并拖曳，即可绘制不同形状的图形或线条。

选择 工具，其属性栏如图 3-26 所示。

图 3-26　【画笔】工具的属性栏

- 【画笔】选项：用来设置画笔笔头的形状及大小，单击右侧的 按钮，会弹出如图 3-27 所示的【画笔】设置面板。
- 【切换画笔调板】按钮 ：单击此按钮，也可弹出【画笔】设置面板。
- 【模式】选项：可以设置绘制图形与原图像的混合模式。
- 【不透明度】选项：用来设置画笔绘画时的不透明度，可以直接输入数值，也可以通过单击此选项右侧的 按钮，再拖动弹出的滑块来调节。使用不同的数值绘制出的颜色效果如图 3-28 所示。

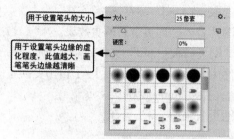

图 3-27 【画笔】设置面板

扫一扫

图 3-28 彩图

图 3-28 不同【不透明度】值绘制的颜色效果

● 【流量】选项：决定画笔在绘画时的压力大小，数值越大画出的颜色越深。

● 【喷枪】按钮 ：激活此按钮，使用画笔绘画时，绘制的颜色会因鼠标指针的停留而向外扩展，画笔笔头的硬度越小，效果越明显。

3.2.2 【铅笔】工具

【铅笔】工具 与【画笔】工具类似，也可以在图像文件中绘制不同形状的图形及线条，只是在属性栏中多了一个【自动抹掉】选项，这是【铅笔】工具所具有的特殊功能。

【铅笔】工具 的属性栏如图 3-29 所示。

图 3-29 【铅笔】工具的属性栏

如果勾选了【自动抹除】复选框，在图像内与工具箱中的前景色相同的颜色区域绘画时，铅笔会自动擦除此处的颜色而显示背景色；如在与前景色不同的颜色区绘画时，将以前景色的颜色显示，如图 3-30 所示。

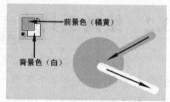

3.2.3 【颜色替换】工具

利用【颜色替换】工具 可以对特定的颜色进行快速替换，同时保留图像原有的纹理。颜色替换后的图像颜色与工

图 3-30 勾选【自动抹除】选项时用【铅笔】工具绘制的图形

具箱中当前的前景色有关，所以在使用该工具时，首先要在工具箱中设定需要的前景色，或按住 Alt 键，在图像中直接设置色样，然后在属性栏中设置合适的选项后，在图像中拖曳鼠标指针，即可改变图像的色彩效果，如图 3-31 所示。

扫一扫

图 3-31 左图彩图

扫一扫

图 3-31 右图彩图

图 3-31 颜色替换效果对比

【颜色替换】工具的属性栏如图 3-32 所示。

图 3-32 【颜色替换】工具的属性栏

- 【取样】按钮：用于指定替换颜色取样区域的大小。激活【连续】按钮 ✎，将连续取样来对拖曳鼠标指针经过的位置替换颜色；激活【一次】按钮 ✎，只替换第一次单击取样区域的颜色；激活【背景色板】按钮 ✎，只替换画面中包含有背景色的图像区域。
- 【限制】选项：用于限制替换颜色的范围。选择【不连续】选项，将替换出现在鼠标指针下任何位置的颜色；选择【连续】选项，将替换紧挨鼠标指针颜色邻近的颜色；选择【查找边缘】选项，将替换包含取样颜色的连接区域，同时更好地保留图像边缘的锐化程度。
- 【容差】选项：指定替换颜色的精确度，此值越大，替换的颜色范围越大。
- 【消除锯齿】：勾选此复选框，可以为替换颜色的区域指定平滑的边缘。

3.2.4 【混合器画笔】工具

【混合器画笔】工具 ✎ 可以借助混色器画笔和毛刷笔尖，创建逼真、带纹理的笔触，轻松地将图像转变为绘图或创建独特的艺术效果。其使用方法非常简单：选取 ✎ 工具，然后设置合适的笔头大小，并在属性栏中设置好各选项参数后，在画面中拖动鼠标，即可将照片涂抹成油画或水粉画等效果。原图片及利用【混合器画笔】工具进行处理后的绘画效果如图 3-33 所示。

图 3-33　原图片及处理后的绘画效果

【混合器画笔】工具的属性栏如图 3-34 所示。

![属性栏]

✎ · [13] · ▦ ■ · ✎ ✕ 自定 ‖ 潮湿：80% ‖ 载入：75% ‖ 混合：90% ‖ 流量：100% ‖ ✎ □ 对所有图层取样 ✎

图 3-34　【混合器画笔】工具的属性栏

- 【当前画笔载入】按钮 ■：可重新载入画笔、清除画笔或载入需要的颜色，让它和涂抹的颜色进行混合。具体的混合结果可通过后面的设置值进行调整。
- 【每次描边后载入画笔】按钮 ✎ 和【每次描边后清理画笔】按钮 ✕：控制每一笔涂抹结束后对画笔是否更新和清理。类似于在绘画时，一笔过后是否将画笔在水中清洗。
- 自定 选项：单击此窗口将弹出下拉列表，可以选择预先设置好的混合选项。当选择某一种选项时，右边的 4 个选项会自动调节为预设值。
- 【潮湿】选项：设置从画布拾取的油彩量。
- 【载入】选项：设置画笔上的油彩量。
- 【混合】选项：设置颜色混合的比例。
- 【流量】选项：设置描边的流动速率。

3.2.5 【画笔】面板

按 F5 键或单击属性栏中的 ☑ 按钮，打开如图3-35所示的【画笔】面板。该面板由 3 部分组成，左侧部分主要用于选择画笔的属性，右侧部分用于设置画笔的具体参数，最下面部分是画笔的预览区域。读者可先选择不同的画笔属性，然后在其右侧的参数设置区中设置相应的参数，可以将画笔设置为不同的形状。

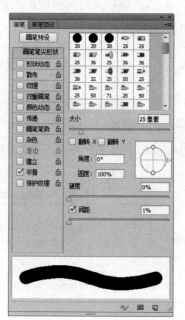

图 3-35 【画笔】面板

- 【画笔预设】选项：用于查看、选择和载入预设画笔。拖动画笔笔尖形状窗口右侧的滑块可以浏览其他形状。
- 【画笔笔尖形状】选项：用于选择和设置画笔笔尖的形状，包括角度、圆度等。
- 【形状动态】选项：用于设置随着画笔的移动笔尖形状的变化情况。
- 【散布】选项：决定是否使绘制的图形或线条产生一种笔触散射效果。
- 【纹理】选项：可以使画笔产生图案纹理效果。
- 【双重画笔】选项：可以设置两种不同形状的画笔来绘制图形，首先通过【画笔笔尖形状】设置主笔刷的形状，再通过【双重画笔】设置次笔刷的形状。
- 【颜色动态】选项：可以将前景色和背景色进行不同程度的混合，通过调整颜色在前景色和背景色之间的变化情况及色相、饱和度和亮度的变化，绘制出具有各种颜色混合效果的图形。
- 【传递】选项：用于设置画笔的不透明度和流量的动态效果。
- 【画笔笔势】选项：用于设置画笔的倾斜和旋转角度。
- 【杂色】选项：可以在绘制的图形中添加杂色效果。
- 【湿边】选项：可以在绘制的图形边缘出现湿润边的效果。
- 【建立】选项：相当于激活属性栏中的 ☑ 按钮，使画笔具有喷枪的性质。
- 【平滑】选项：可以使画笔绘制的颜色边缘较平滑。
- 【保护纹理】选项：可以对所有的画笔执行相同的纹理图案和缩放比例。当使用多个画笔时，可模拟一致的画布纹理。

3.2.6 综合案例——修改衣服颜色

在拍摄网店图片时，经常会遇到衣服款式完全一样、但颜色不同的情况，如果都拍的话，会耗费大量人力、物力。利用【颜色替换】工具就可以很轻松地修改衣服的颜色。

【案例目的】：通过【颜色替换】工具修改衣服的颜色，从而学会轻松修改图像颜色的方法。

【案例内容】：打开图库素材，利用【颜色替换】工具修改衣服的颜色，素材图片及修改后的效果如图3-36所示。

图 3-36 彩图

图 3-36 素材图片及合成后的效果

【操作步骤】

1. 打开素材文件中"图库\第 03 章"目录下的"绿色婚纱.jpg"文件。

2. 选取 工具,将鼠标移动到人物的婚纱位置拖曳,创建如图 3-37 所示的选区。

提示

在选取婚纱时,经常会多选或没完全选中图像,总之不能一步到位。这时要灵活运用 工具属性栏中的【添加到选区】按钮 和【从选区减去】按钮 。

3. 将前景色设置为紫色(R:165,G:63,B:175)。

4. 选取【颜色替换】工具 ,并设置属性栏中的参数及选项如图 3-38 所示。

图 3-37 【颜色替换】工具属性设置

5. 将鼠标指针移动到选区中拖曳,即可修改衣服的颜色,状态如图 3-39 所示。

6. 继续利用 工具将选区中的图像替换成紫色,按 Ctrl+D 组合键去除选区,效果如图 3-40 所示。

7. 按 Shift+Ctrl+S 组合键,将此文件命名为"修改颜色 01.jpg"另存。

8. 将前景色设置为红色(R:255,G:80,B:40),创建选区并利用 工具在选区内拖曳,即可将婚纱修改为红色。

9. 按 Shift+Ctrl+S 组合键,将此文件命名为"修改颜色 02.jpg"另存。

图 3-38 彩图

图 3-39 彩图

图 3-40 彩图

图 3-38 创建的选区   图 3-39 替换颜色状态   图 3-40 替换颜色后的效果

3.3 图章工具

图章工具包括【仿制图章】工具▲和【图案图章】工具▲。

3.3.1 【仿制图章】工具

【仿制图章】工具▲的功能是复制和修复图像，它通过在图像中按照设定的取样点来覆盖原图像或应用到其他图像中来完成图像的复制操作。【仿制图章】工具的使用方法为，选择▲工具后，先按住 Alt 键在图像中的取样点位置单击，然后松开 Alt 键，将鼠标指针移动到需要修复的图像位置拖曳，即可对图像进行修复。如要在两个文件之间复制图像，两个图像文件的颜色模式必须相同，否则将不能执行复制操作。

【仿制图章】工具的属性栏如图 3-41 所示。

图 3-41 【仿制图章】工具的属性栏

- 【对齐】选项：勾选此复选框，将进行规则图像的复制，即多次单击或拖曳鼠标指针，最终将复制出一个完整的图像。若想再复制一个相同的图像，必须重新取样。若不勾选此项，则进行不规则复制，即多次单击或拖曳鼠标指针，每次都会在相应位置复制一个新图像。

- 【样本】选项：设置从指定的图层中取样。选择【当前图层】选项时，是在当前图层中取样；选择【当前和下方图层】选项时，是从当前图层及其下方图层中的所有可见图层中取样；选择【所有图层】选项时，是从所有可见图层中取样；如激活右侧的【忽略调整图层】按钮▧，将从调整图层以外的可见图层中取样。选择【当前图层】选项时此按钮不可用。

3.3.2 【图案图章】工具

【图案图章】工具▲的功能是快速地复制图案，使用的图案素材可以从属性栏中的【图案】选项面板中选择，用户也可以将自己喜欢的图像定义为图案后再使用。【图案图章】工具的使用方法为，选择▲工具后，根据用户需要在属性栏中设置【画笔】、【模式】、【不透明度】、【流量】、【图案】、【对齐】和【印象派效果】等选项和参数，然后在图像中拖曳鼠标指针即可。

【图案图章】工具的属性栏如图 3-42 所示。

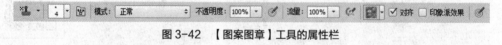

图 3-42 【图案图章】工具的属性栏

- 【图案】图标▧：单击此图标，弹出【图案】选项面板，在此面板中可选择用于复制的图案。

- 【印象派效果】：勾选此复选框，可以绘制随机产生的印象派色块效果。

3.3.3 定义图案

定义图案的具体操作为：在图像上使用【矩形选框】工具选择要作为图案的区域，执行【编辑】/【定义图案】命令，在弹出的【图案名称】对话框中输入图案的名称，单击 确定 按钮，即可将选区内的图像定义为图案。此时，在【图案】面板中即可显示定义的新图案。

提示

在定义图案之前，也可以不绘制矩形选区直接将图像定义为图案，这样定义的图案是包含图像中所有图层内容的图案。另外，在利用【矩形选框】工具选择图像时，必须将属性栏中的【羽化】值设置为"0 px"。如果具有羽化值，则【定义图案】命令不可用。

3.3.4　综合案例——为图像添加水印效果

【案例目的】：处理网店照片后，为了保护自己的产品图像不被盗用，可在图像上添加水印效果。通过此案例，读者将掌握添加水印效果的两种方法。

【案例内容】：利用【定义图案】命令将要添加的水印图片定义为图案，再利用【图案图章】工具为图像添加水印，效果如图 3-43 所示。

【操作步骤】

1. 打开素材文件中"图库\第03章"目录下的"标志.psd"文件，如图 3-44 所示。

图 3-43　添加的水印效果

图 3-44　绘制出的图形

2. 执行【编辑】/【定义图案】命令，在打开的如图 3-45 所示的【图案名称】对话框中单击 确定 按钮，将打开的图像定义为图案。

3. 打开第 3.2.6 小节保存的"修改颜色01.jpg"文件。

图 3-45　【图案名称】对话框

4. 选取 工具，单击属性栏中 选项右侧的倒三角按钮，在弹出的列表中选择刚才定义的图案，然后设置其他选项如图 3-46 所示。

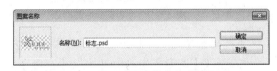
图 3-46　设置【图案图章】的选项参数

5. 将鼠标指针移动到人物裙子下方的中间位置单击，即可为图像添加水印，效果如图 3-47所示。

6. 继续拖曳鼠标，可为整个画面添加水印效果，如图 3-48 所示。当然也可以在某个区域添加水印，只需在要添加的位置单击即可。

77

第 3 章　绘画和编辑图像进行网店修图

图 3-47　添加的水印效果　　　　　　　图 3-48　为整个画面添加水印的效果

　　如要添加倾斜的水印效果，可先将标志图案旋转角度，如图 3-49 所示。确认后再次定义成图案，再利用 工具即可添加倾斜的水印效果，如图 3-50 所示。

图 3-49　标志旋转后的形态　　　　　　图 3-50　添加的倾斜水印效果

　　下面再来学习另一种添加水印效果的方法。

　　7.　新建【宽度】为 "10 厘米"，【高度】为 "2 厘米"，【分辨率】为 "300 像素/英寸" 的文件。

> **提示**　　　如果自己拍摄的照片文件不大，在新建水印文件时，【分辨率】选项要设置得小一些，这样添加的水印效果才会合适。

　　8.　利用 T 工具输入如图 3-51 所示的文字。

　　9.　在【图层】面板中，单击 "背景" 层前面的 ◉ 图标，将其隐藏。

　　10.　执行【编辑】/【定义图案】命令，在打开的【图案名称】对话框中单击 确定 按钮，将刚输入的文字定义为图案。

　　11.　选取 工具，再单击属性栏中的 按钮，在弹出的【画笔】面板中，单击左上角的 画笔预设 按钮。

　　12.　在弹出的【画笔预设】面板中单击右上角的 ▼三 按钮，在弹出的列表中选择【方头画笔】选项，在弹出的如图 3-52 所示的询问面板中，单击 追加(A) 按钮。

图 3-51　输入的文字内容　　　　　　　图 3-52　询问面板

13. 单击【画笔】选项，切换到【画笔】面板，然后在右侧的窗口中选择一个方头笔头，并设置其下的选项参数如图 3-53 所示。

14. 打开素材文件中"图库\第 03 章"目录下的"不锈钢图片.jpg"文件。

15. 将鼠标指针移动到打开的图像文件中单击鼠标，即可为当前画面添加只有公司名称的水印，如图 3-54 所示。

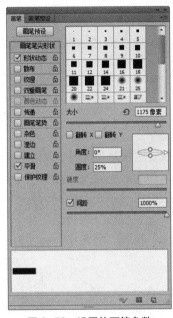

图 3-53　设置的画笔参数

图 3-54　添加的水印效果

提示　　　　　在为不锈钢图片添加水印公司名称时，要结合实际尺寸才能调出图 3-53 中相应的参数，因此需要读者对【画笔】面板中各选项的含义熟练掌握。另外，如果要添加水印的图片数量不多，在每个图片上输入文字或复制文字即可。读者可灵活运用。

3.4　图像修复工具

修复工具主要包括【污点修复画笔】工具、【修复画笔】工具、【修补】工具、【内容感知移动】工具和【红眼】工具。

3.4.1　【污点修复画笔】工具

【污点修复画笔】工具可以快速删除照片中的污点，尤其是对人物面部的疤痕、雀斑等小面积内的缺陷修复最为有效，其修复原理是在所修饰图像位置的周围自动取样，然后将其与所修复位置的图像融合，得到理想的颜色匹配效果。其使用方法非常简单，选择 🖊 工具，在属性栏中设置合适的画笔大小和选项后，在图像的污点位置单击即可删除污点。

【污点修复画笔】工具的属性栏如图 3-55 所示。

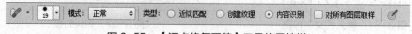

图 3-55　【污点修复画笔】工具的属性栏

- 单击【画笔】框右侧的 · 按钮，弹出【笔头】设置面板。此面板主要用于设置 🖊 工具使用画笔的大小和形状，其参数与前面所讲的【画笔】面板中的笔尖选项的参数相似，功能较为明确，此处不再赘述。
- 【模式】选项：用来选择修补的图像与原图像以何种模式进行混合。
- 【类型】选项：选择【近似匹配】单选项，将自动选择相匹配的颜色来修复图像的缺陷；选择【创建纹理】单选项，在修复图像缺陷后会自动生成一层纹理。选择【内容识别】单选项，系统将自动搜寻附近的图像内容，不留痕迹地填充修复区域，同时保留图像的关键细节。
- 【对所有图层取样】：勾选此复选框，可以在所有可见图层中取样；不勾选此项，将只在当前层中取样。

3.4.2　【修复画笔】工具

【修复画笔】工具 🖊 与【污点修复画笔】工具的修复原理基本相似，都是将没有缺陷的图像部分与被修复位置有缺陷的图像进行融合后得到理想的匹配效果。但使用【修复画笔】工具时需要先设置取样点，即按住 Alt 键在取样点位置单击（单击的位置为复制图像的取样点），松开 Alt 键，然后在需要修复的图像位置按住鼠标左键拖曳，即可对图像中的缺陷进行修复，并使修复后的图像区域与取样点位置图像的纹理、光照、阴影和透明度相匹配，从而使修复后的图像区域不留痕迹地融入图像中。

【修复画笔】工具的属性栏如图 3-56 所示。

图 3-56　【修复画笔】工具的属性栏

- 【模式】选项：可设置复制图像与原图像混合的模式。
- 【源】：点选【取样】单选项，然后按住 Alt 键在适当的位置单击，可以将该位置的图像定义为取样点，以便用定义的样本来修复图像；点选【图案】单选项，可以单击其右侧的图案按钮，然后在打开的图案列表中选择一种图案来与图像混合，得到图案混合的修复效果。

3.4.3　【修补】工具

【修补】工具 🌑 可以用图像中相似的区域或图案来修复有缺陷的部位或制作合成效果。与【修复画笔】工具 🖊 一样，【修补】工具会将设定的样本纹理、光照和阴影与被修复图像区域进行混合以得到理想的效果。

【修补】工具的属性栏如图 3-57 所示。

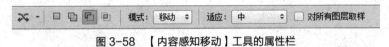

图 3-57　【修补】工具的属性栏

- 【修补】：点选【源】单选项，将用图像中指定位置的图像来修复选区内的图像，即将鼠标指针放置在选区内，将其拖曳到用来修复图像的指定区域，释放鼠标左键后会自动用指定区域的图像来修复选区内的图像；点选【目标】单选项，将用选区内的图像修复图像中的其他区域，即将鼠标指针放置在选区内，将其拖曳到需要修补的位置，释放鼠标左键后会自动用选区内的图像来修复鼠标释放处的图像。
- 【透明】：勾选此复选框，在复制图像时，复制的图像将产生透明效果；不勾选此项，复制的图像将覆盖原来的图像。
- 使用图案 按钮：创建选区后，在右侧的图案列表 中选择一种图案类型，然后单击此按钮，可以用指定的图案修补源图像。

3.4.4　【内容感知移动】工具

利用【内容感知移动】工具 移动选择的图像，释放鼠标后，系统会自动进行合成，生成完美的移动效果。

【内容感知移动】工具的属性栏如图 3-58 所示。

图 3-58　【内容感知移动】工具的属性栏

- 【模式】：用于设置图像在移动过程中是【移动】还是【复制】选项。
- 【适应】：用于设置图像合成的完美程度，包括【非常严格】、【严格】、【中】、【松散】和【非常松散】选项。

3.4.5　【红眼】工具

在夜晚或光线较暗的房间里拍摄人物照片时，由于视网膜的反光作用，往往会出现红眼效果。利用【红眼】工具可以迅速地修复这种红眼效果。其使用方法非常简单，选择 工具，在属性栏中设置合适的【瞳孔大小】和【变暗量】参数后，在人物的红眼位置单击即可校正红眼。

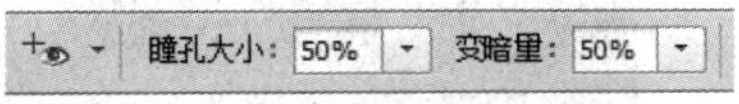

【红眼】工具的属性栏如图 3-59 所示。

图 3-59　【红眼】工具的属性栏

- 【瞳孔大小】选项：用于设置增大或减小受红眼工具影响的区域。
- 【变暗量】选项：用于设置校正的暗度。

3.4.6　综合案例——去除多余图像

在拍摄室外照片时，由于周围人较多，因此经常会拍上一些陌生人，这样很影响照片的美感。本节讲解如何去除多余图像。

【案例目的】：通过案例的讲解，使读者掌握利用【修补】工具 和【修复画笔】工具 去除多余图像的方法及【内容感知移动】工具的应用。

【案例内容】：打开素材图片，利用【修补】工具和【修复画笔】工具删除照片中的路灯和多余的人物，然后利用【内容感知移动】工具将人物图像移动到照片的中央位置。原照片与处理后照片的效果对比如图 3-60 所示。

图 3-60　原照片与处理后照片的效果对比

【操作步骤】

1. 打开素材文件中"图库\第 03 章"目录下的"母子.jpg"文件，如图 3-61 所示。

2. 选择 ⊕ 工具，单击属性栏中的 ⊙ 源 单选项，然后在照片背景中的路灯上方位置拖曳鼠标绘制选区，如图 3-62 所示。

图 3-61　打开的图片　　　　　　　　　　图 3-62　绘制的选区

3. 在选区内按住鼠标左键向左侧位置拖曳，状态如图 3-63 所示，释放鼠标左键，即可利用选区移动后位置的背景图像，覆盖路灯杆。去除选区后的效果如图 3-64 所示。

图 3-63　修复图像时的状态　　　　　　　图 3-64　修复后的图像效果

4. 用相同的方法选择下方的路灯杆，然后用其左侧的背景图像覆盖，效果如图 3-65 所示。

5. 选择 🔍 工具，将多余人物的区域放大显示，然后选择 ⛰ 工具，并根据多余人物的轮廓绘制出如图 3-66 所示的选区，注意与另一人物相交处的选区绘制，要确保保留人物衣服的完整。

6. 选择 ⊕ 工具，将鼠标指针放置到选区中按下鼠标左键并向右移动，状态如图 3-67 所示，释放鼠标左键后，选区的图像即被替换，效果如图 3-68 所示。

图 3-65　删除路灯杆后的效果

图 3-66　绘制的选区

图 3-67　移动选区状态

图 3-68　替换图像后的效果

由于利用【修补】工具 ⬤ 得到的修复图像是利用目标图像来覆盖被修复的图像，且经过颜色重新匹配混合后得到的混合效果，因此有时会出现不能一次覆盖得到理想效果的情况，这时可重复修复几次或利用其他工具进行弥补。

如图 3-68 所示，经过混合相邻的像素，在人物衣服处出现了发白的效果，下面利用【修复画笔】工具 ✎ 来进行处理。

7.　选择 ✎ 工具，设置合适的笔头大小后，按住 Alt 键将鼠标指针移动到如图 3-69 所示的位置并单击，拾取此处的像素。

8.　将鼠标指针移动到选区内发白的位置拖曳，状态如图 3-70 所示，释放鼠标左键，即可修复。

图 3-69　拾取像素的位置

图 3-70　修复图像状态

9.　用与步骤 7～步骤 8 相同的方法对膝盖边缘处的像素进行修复，然后按 Ctrl+D 组合键去除选区。

10.　选择【内容感知移动】工具 ✄，在画面中根据人物的边缘拖曳鼠标，绘制出如图 3-71 所示的选区。

11.　按住 Shift 键，将鼠标指针移动到选区中按下并向左拖曳，状态如图 3-72 所示。

图 3-71　绘制的选区

图 3-72　移动图像状态

12. 释放鼠标后，系统即可自动检测图像，生成如图 3-60 右图所示的图像效果。

13. 按 Shift+Ctrl+S 组合键，将此文件另命名为"去除多余图像.jpg"保存。

3.5　图像擦除工具

擦除图像工具共有 3 种，分别为【橡皮擦】工具 ✍、【背景橡皮擦】工具 ✍ 和【魔术橡皮擦】工具 ✍。

这 3 种工具主要是用来擦除图像中不需要的区域，使用方法非常简单，只需在工具箱中选择相应的擦除工具，并在属性栏中设置合适的笔头大小及形状，然后在画面中要擦除的图像位置单击或拖曳鼠标即可。

3.5.1　【橡皮擦】工具

【橡皮擦】工具 ✍ 是最基本的擦除工具，它就像是平时用的橡皮一样。利用【橡皮擦】工具 ✍ 擦除背景层或被锁定透明的普通层中的图像时，被擦除的部分将被工具箱中的背景色替换；擦除普通层的图像时，被擦除的部分将显示为透明色，效果如图 3-73 所示。

图 3-73　两种不同图层的擦除效果

【橡皮擦】工具 ✍ 的属性栏如图 3-74 所示。

图 3-74　【橡皮擦】工具的属性栏

● 【模式】选项：用于设置橡皮擦擦除图像的方式，包括【画笔】、【铅笔】和【块】3 个选项。

- 【抹到历史记录】：勾选了此复选框，【橡皮擦】工具就具有了【历史记录画笔】工具的功能。

3.5.2 【背景橡皮擦】工具

利用【背景橡皮擦】工具  擦除图像，无论是在背景层还是在普通层上，都可以将图像中的特定颜色擦除为透明色，并且将背景层自动转换为普通层。另外，【背景橡皮擦】工具还具有自动识别擦除边界的功能，如图 3-75 所示。

【背景橡皮擦】工具 的属性栏如图 3-76 所示。

图 3-75　使用【背景橡皮擦】

工具擦除后的效果

图 3-76　【背景橡皮擦】工具的属性栏

- 【取样】选项：用于控制背景橡皮擦的取样方式。激活【连续】按钮 ，拖曳鼠标指针擦除图像时，将随着鼠标指针的移动随时取样；激活【一次】按钮 ，只替换第一次单击取样的颜色，在拖曳鼠标指针过程中不再取样；激活【背景色板】按钮 ，不在图像中取样，而是由工具箱中的背景色决定擦除的颜色范围。
- 【限制】：用于控制背景橡皮擦擦除颜色的范围。其下拉列表有三种选项：选择【不连续】选项，可以擦除图像中所有包含取样的颜色；选择【连续】选项，只能擦除所有包含取样颜色且与取样点相连的颜色；选择【查找边缘】选项，在擦除图像时将自动查找与取样点相连的颜色边缘，以便更好地保持颜色边界。
- 【保护前景色】：勾选此复选框，将无法擦除图像中与前景色相同的颜色。

3.5.3 【魔术橡皮擦】工具

当图像中含有大片相同或相近的颜色时，利用【魔术橡皮擦】工具在要擦除的颜色区域内单击，可以一次性擦除所有与取样位置相同或相近的颜色，同样也会将背景层自动转换为普通层。通过【容差】值还可以控制擦除颜色面积的大小，如图 3-77 所示。

 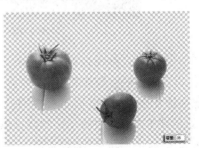

图 3-77　使用【魔术橡皮擦】工具擦除后的效果

【魔术橡皮擦】工具 的属性栏如图 3-78 所示，其上的选项在前面已经讲解，此处不再赘述。

图 3-78　【魔术橡皮擦】工具的属性栏

3.5.4　综合案例——更换背景

如果对自己拍摄照片的单调背景不太满意，可以为图像更换一个背景。

【案例目的】：学习利用【魔术橡皮擦】工具 ☑ 快速去除图像背景的方法。

【案例内容】：利用【魔术橡皮擦】工具 ☑ 在打开的图片背景中单击去除人物图像背景，然后把新的背景图片合成到文件中。原素材图片及更换背景后的图片效果如图 3-79 所示。

扫一扫

图 3-79 左图彩图

扫一扫

图 3-79 右图彩图

图 3-79　原素材图片及更换背景后的图片效果

【操作步骤】

1. 打开素材文件中"图库\第 03 章"目录下名为"烟花背景.psd"和"情侣.jpg"文件，如图 3-80 所示。

图 3-80　打开的图片

2. 将"情侣.jpg"文件设置为工作状态，选取 ☑ 工具，设置属性栏参数如图 3-81 所示。

图 3-81　属性栏设置

3. 将鼠标指针移动到"情侣.jpg"文件上方的灰色背景位置单击，即可将该处的背景擦除，如图 3-82 所示。

4. 选取 ☑ 工具，将有背景处的图像放大显示，并利用 ☑ 工具继续擦除背景，如图 3-83 所示。

5. 继续将两个人物头部及飞机部位带有的背景色擦除，如图 3-84 所示。

在擦除过程中，由于电线与灰色背景的颜色非常接近，因此也会一并擦除，如图 3-85 所示。

图 3-82　擦除背景

图 3-83　擦除背景

图 3-84　擦除背景

图 3-85　被擦除的电线

下面利用【历史记录画笔】工具 来对其进行修复。

当图像文件被修改后，利用 工具可将图像恢复。注意使用此工具之前，不能对图像文件进行图像大小的调整。

提示

6. 选取 工具，设置一个较小的笔头，然后将鼠标指针移动到需要修复的电线位置拖曳，即可将电线还原出来，如图 3-86 所示。

图 3-86　还原出来的电线

此处利用【历史记录画笔】工具 ⚡ 恢复图像时，一定要设置较小的笔头，不然会将周围不需要的图像再恢复出来。

7. 利用 ⊹ 工具将"情侣.jpg"图片移动复制到"烟花背景.psd"图片中，调整大小放置在如图 3-87 所示位置。

8. 执行【图像】/【调整】/【色彩平衡】命令，弹出【色彩平衡】对话框，设置参数如图 3-88 所示。

图 3-87　合成的图像

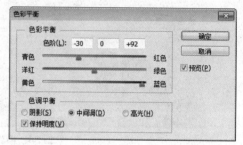

图 3-88　【色彩平衡】对话框

9. 单击 ⎯确定⎯ 按钮。执行【图像】/【调整】/【色阶】命令，弹出【色阶】对话框，设置参数如图 3-89 所示，调整的图像颜色效果如图 3-90 所示。

图 3-89　【色阶】对话框

图 3-90　调整的图像颜色效果

10. 按 Shift+Ctrl+S 组合键，将此文件另命名为"更换背景.psd"保存。

3.6　修饰工具

本节这几个工具的使用方法都非常简单，选择相应工具，在属性栏中选择适当的笔头大小及形状，然后将鼠标指针移动到图像文件中按下鼠标左键并拖曳，即可处理图像。

3.6.1　历史记录画笔工具

历史记录画笔工具包括【历史记录画笔】工具 ⚡ 和【历史记录艺术画笔】工具 ⚡ 。【历史记录画笔】工具的主要功能是恢复图像，【历史记录艺术画笔】工具的主要功能是用不同的色彩和艺术风格模拟绘画的纹理对图像进行处理。

（1）【历史记录画笔】工具

【历史记录画笔】工具 ![icon] 是一个恢复图像历史记录的工具，可以将编辑后的图像恢复到在【历史记录】面板中设置的历史恢复点位置。当图像文件被编辑后，选择 ![icon] 工具，在属性栏中设置好笔尖大小、形状和【历史记录】面板中的历史恢复点，将鼠标指针移动到图像文件中按下鼠标左键拖曳，即可将图像恢复至历史恢复点所在位置时的状态。注意，使用此工具之前，不能对图像文件进行图像大小的调整。

【历史记录画笔】工具的属性栏如图 3-91 所示。这些选项在前面介绍其他工具时已经全部讲过了，此处不再重复。

图 3-91　【历史记录画笔】工具的属性栏

（2）【历史记录艺术画笔】工具

利用【历史记录艺术画笔】工具 ![icon] 可以给图像加入绘画风格的艺术效果，表现出一种画笔的笔触质感。选取此工具，在图像上拖曳鼠标指针即可完成非常漂亮的艺术图像制作。

【历史记录艺术画笔】工具的属性栏如图 3-92 所示。

图 3-92　【历史记录艺术画笔】工具属性栏

- 【样式】选项：设置【历史记录艺术画笔】工具的艺术风格。在【样式】下拉列表中选择各种艺术风格选项，绘制的图像效果如图 3-93 所示。

扫一扫

图 3-93 彩图

图 3-93　选择不同的样式产生的不同效果

- 【区域】选项：指应用【历史记录艺术画笔】工具所产生艺术效果的感应区域。数值越大，产生艺术效果的区域越大；反之，区域越小。
- 【容差】选项：限定原图像色彩的保留程度。数值越大图像色彩与原图越接近。

3.6.2 【模糊】、【锐化】和【涂抹】工具

利用【模糊】工具 ⬠ 可以降低图像色彩反差来对图像进行模糊处理，从而使图像边缘变得模糊；【锐化】工具 △ 恰好相反，它是通过增大图像色彩反差来锐化图像，从而使图像色彩对比更强烈；【涂抹】工具 ⬠ 主要用于涂抹图像，使图像产生类似于在未干的画面上用手指涂抹的效果。原图像和经过模糊、锐化、涂抹后的效果，如图 3-94 所示。

图 3-94　原图像和经过模糊、锐化、涂抹后的效果

这 3 个工具的属性栏基本相同，只是【涂抹】工具的属性栏中多了一个【手指绘画】选项，如图 3-95 所示。

图 3-95　【涂抹】工具的属性栏

- 【模式】：用于设置色彩的混合方式。
- 【强度】：此选项中的参数用于调节对图像进行涂抹的程度。
- 【对所有图层取样】：若不勾选此复选框，只在当前图层取样；若勾选此复选框，则可以在所有图层取样。
- 【手指绘画】：不勾选此复选框，对图像进行涂抹只是使图像中的像素和色彩进行移动；勾选此复选框，则相当于用手指蘸着前景色在图像中进行涂抹。

3.6.3 【减淡】和【加深】工具

利用【减淡】工具 🔍 可以对图像的阴影、中间色和高光部分进行提亮和加光处理，从而使图像变亮；【加深】工具 ✋ 则可以对图像的阴影、中间色和高光部分进行遮光变暗处理。

这两个工具的属性栏完全相同，如图 3-96 所示。

图 3-96　【减淡】和【加深】工具的属性栏

- 【范围】：包括【阴影】、【中间调】和【高光】3 个选项。选择【阴影】选项时，主要对图像暗部区域减淡或加深；选择【高光】选项，主要对图像亮部区域减淡或加深；选择【中间调】选项，主要对图像中间的灰色调区域减淡或加深。
- 【曝光度】：设置对图像减淡或加深处理时的曝光强度，数值越大，减淡或加深效果越明显。

3.6.4 【海绵】工具

【海绵】工具 🧽 可以对图像进行变灰或提纯处理，从而改变图像的饱和度，该工具的属性栏如图 3-97 所示。

图 3-97　【海绵】工具的属性栏

- 【模式】：主要用于控制【海绵】工具的作用模式，包括【降低饱和度】和【饱和】两个选项。选择【降低饱和度】选项，【海绵】工具将对图像进行变灰处理，以降低图像的饱和度；选择【饱和】选项，【海绵】工具将对图像进行加色，以增加图像的饱和度。
- 【流量】：控制去色或加色处理时的强度，数值越大，效果越明显。图像减淡、加深、去色和加色处理后的效果如图 3-98 所示。

扫一扫

图 3-98 彩图

图 3-98　原图像和减淡、加深、去色、加色后的效果

3.6.5　综合案例——制作景深效果

在照片的拍摄过程中，运用好景深可以使拍摄的照片具有远虚近实、主体物突出的艺术效果，如果拍摄时没有达到这种效果，利用【模糊】工具 ◌.和【历史记录画笔】工具 ☑ 可以非常容易地制作出这种效果。

【案例目的】：学习制作景深效果的方法。

【案例内容】：利用【模糊】工具 ◌.把照片的背景模糊处理，然后利用【历史记录画笔】工具 ☑ 恢复人物的轮廓边缘，素材图片及制作的景深效果如图 3-99 所示。

图 3-99　素材图片及制作的景深效果

【操作步骤】

1. 打开素材文件中"图库\第 03 章"目录下的"实景照片.jpg"文件。

2. 选取 ◌.工具，在属性栏中设置一个较大的画笔笔尖，并设置【强度】选项的参数为"100%"，然后对画面进行涂抹，涂抹成如图 3-100 所示的模糊效果。

在利用【模糊】工具模糊图像时，可将笔头设置得大一些，因为是对整个图像进行处理；而利用【历史记录画笔】工具恢复人物的清晰度时，要将笔头设置得小一些，因为是对局部图像进行处理。

3. 选取 ▨ 工具，设置一个较小的画笔笔头，将鼠标指针移动到人物图像的头部位置拖曳，即可将拖曳位置恢复清晰度，如图 3-101 所示。

图 3-100　模糊后的效果　　　　　　　　图 3-101　恢复人物头部位置的清晰度

4. 依次在人物图像位置拖曳鼠标，将人物恢复清晰，即可完成景深效果的制作。
5. 按 Shift+Ctrl+S 组合键，将此文件命名为"景深效果.jpg"另存。

3.7　课堂实训

本节首先来了解另一种形式的选取图像方法，再灵活运用本章所学的工具和菜单命令进行修图操作。

3.7.1　选择复杂背景中的长发女孩

在人物图像抠图工作中，头发的选择是众多平面设计人员最头疼的事情，尤其是背景复杂且头发轮廓线与背景混合在一起，如果不掌握一定的技巧是很难从背景中选择出来的。

【案例目的】：根据不同的图像情况，学习利用【通道】来选取图像的方法。

【案例内容】：首先仔细查看一下通道明暗的分布情况，然后利用通道和蒙版相结合的方法，就可以轻松地将人物从复杂的背景中抠选出来。打开素材图片，利用【通道】命令选取图像，素材图片及选取后的效果如图 3-102 所示。

图 3-102　素材图片及选取后的效果

【操作步骤】

1. 分别打开素材文件中"图库\第 03 章"目录下名为"美女.jpg"和"蓝天.jpg"的两个文件。

2. 将"美女.jpg"文件设置为工作状态，打开【通道】面板，依次单击查看"红""绿""蓝"通道，可以看出"红"通道中的头发与背景的明暗对比最强烈，将"红"通道复制为"红副本"通道。

3. 选择工具，在属性栏中设置一个较大的画笔笔头，【范围】设置为"阴影"，【曝光度】设置为"50%"。

4. 在头发的周围背景区域拖曳鼠标指针，将背景淡化处理，最终效果如图 3-103 所示（注意不要淡化头发轮廓区域）。

5. 执行【图像】/【应用图像】命令，在弹出的【应用图像】对话框中设置【混合】选项，如图 3-104 所示。

图 3-103　淡化背景效果

图 3-104　【应用图像】对话框

6. 单击 确定 按钮，背景大部分区域已显示为白色，如图 3-105 所示。

7. 按 Ctrl+I 组合键，将"红 副本"通道反相，再按 Ctrl+M 组合键弹出【曲线】对话框，调整曲线形态如图 3-106 所示。

图 3-105　应用图像后的效果

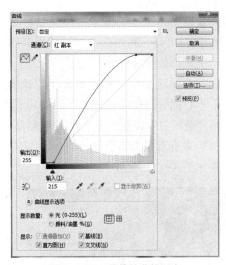

图 3-106　调整的曲线形态

8. 单击 确定 按钮，调整对比度后的效果如图 3-107 所示。

9. 按 Ctrl+I 组合键，将图像反选择，然后选择工具，将头发周围的杂色背景加深涂抹成黑色，效果如图 3-108 所示。

10. 单击【通道】面板底部的 按钮，载入"红 副本"通道的选区。

11. 按 Ctrl+2 组合键切换到"RGB"通道，打开【图层】面板，将"背景"层设置为工作层，按 Ctrl+J 组合键，将选区内的图像通过复制生成"图层 1"。

图 3-107　调整对比度后的效果

图 3-108　涂抹后的效果

12．将"背景"层再设置为工作层，按 Ctrl+J 组合键将"背景"层复制生成"背景 副本"层，并将其调整到"图层 1"的上方。

13．将"蓝天.jpg"文件设置为工作状态，按 Ctrl+A 组合键添加选区，再按 Ctrl+C 组合键复制图像，然后将文件关闭。

14．确认"美女.jpg"为工作文件，按 Ctrl+V 组合键，将复制的图像粘贴到当前文件中，并将生成的"图层 2"调整到"图层 1"的下方。

15．将"背景 副本"层设置为工作层，执行【图层】/【图层蒙版】/【隐藏全部】命令，此时的画面效果如图 3-109 所示。

16．选择 🖌 工具，利用白色通过编辑蒙版将人物显示出来，如图 3-110 所示。

图 3-109　隐藏画面后的效果

在编辑时要灵活操作，如果在人物的轮廓边缘位置不小心把背景也编辑出来了，可以再用黑色来仔细地编辑蒙版将其屏蔽掉。

17．将"图层 1"设置为工作层，然后添加蒙版，通过反复单击 👁 和 ▢ 图标，隐藏或显示"图层 1"来查看是否有杂色存在，如果有杂色，通过编辑蒙版将其编辑掉。编辑完成后的画面效果如图 3-111 所示。

图 3-110　显示人物后的效果

图 3-111　选取出的人物及【图层】面板

18．按 Shift+Ctrl+S 组合键，将此文件命名为"选取头发.psd"另存。

知识链接

通道是保存不同颜色信息的灰度图像，可以存储图像中的颜色数据、蒙版或选区。每一幅图像都有一个或多个通道，通过编辑通道中存储的各种信息可以对图像进行编辑。

一、通道类型

根据存储的内容不同，通道可以分为复合通道、单色通道、专色通道和 Alpha 通道，如图 3-112 所示。

扫一扫

图 3-112 彩图

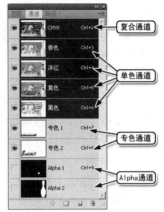

图 3-112　通道类型说明图

提示

Photoshop 中的图像都有一个或多个通道，图像中默认的颜色通道数取决于其颜色模式。每个颜色通道都存放图像颜色元素信息，图像中的色彩是通过叠加每一个通道中的颜色而获得的。在四色印刷中，青、品、黄、黑印版就相当于 CMYK 颜色模式图像中的 C、M、Y、K 4 个通道。

● 复合通道：不同模式的图像通道的数量也不一样，默认情况下，位图、灰度和索引模式的图像只有 1 个通道，RGB 和 Lab 模式的图像有 3 个通道，CMYK 模式的图像有 4 个通道。

例如，打开一幅 RGB 色彩模式的图像，该图像包括 R、G、B 3 个通道。打开一幅 CMYK 色彩模式的图像，该图像包括 C、M、Y、K 4 个通道。为了便于理解，本书分别以 RGB 颜色模式和 CMYK 颜色模式的图像制作了如图 3-113 所示的通道原理图解。在图中，上面的一层代表叠加图像每一个通道后的图像颜色，下面的层代表拆分后的单色通道。

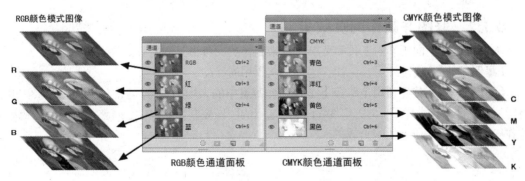

图 3-113　RGB 和 CMYK 颜色模式的图像通道原理图解

- 单色通道：在【通道】面板中，单色通道都显示为灰色，它通过 0~256 级亮度的灰度表示颜色。在通道中很难控制图像的颜色效果，所以一般不采取直接修改颜色通道的方法改变图像的颜色。

- 专色通道：在处理颜色种类较多的图像时，为了让自己的印刷作品与众不同，往往要做一些特殊通道的处理。除了系统默认的颜色通道外，还可以创建专色通道，如增加印刷品的荧光油墨或夜光油墨，套版印制无色系（如烫金、烫银）等，这些特殊颜色的油墨一般称为"专色"，这些专色都无法用三原色油墨混合而成，这时就要用到专色通道与专色印刷了。

- Alpha 通道：单击【通道】面板底部的 按钮，可创建一个 Alpha 通道。Alpha 通道是为保存选区而专门设计的通道，其作用主要是用来保存图像中的选区和蒙版。在生成一个图像文件时，并不一定产生 Alpha 通道，通常它是在图像处理过程中为了制作特殊的选区或蒙版而人为生成的，并从中提取选区信息。因此在输出制版时，Alpha 通道会因为与最终生成的图像无关而被删除。但有时也要保留 Alpha 通道，比如在三维软件最终渲染输出作品时，会附带生成一张 Alpha 通道，用以在平面处理软件中做后期合成。

二、【通道】面板

利用【通道】面板可以完成创建、复制或删除通道等操作。执行【窗口】/【通道】命令，即可在工作区中显示【通道】面板。下面介绍一下面板中各按钮的功能和作用。

- 【指示通道可见性】图标 ：此图标与【图层】面板中的 图标是相同的，多次单击可以使通道在显示或隐藏之间切换。注意，当【通道】面板中某一单色通道被隐藏后，复合通道会自动隐藏；当选择或显示复合通道后，所有的单色通道也会自动显示。

- 通道缩览图： 图标右侧为通道缩览图，其作用是显示通道的颜色信息。

- 通道名称：通道缩览图的右侧为通道名称，它能使用户快速识别各种通道。通道名称的右侧为切换该通道的快捷键。

- 【将通道作为选区载入】按钮 ：单击此按钮，或按住 Ctrl 键单击某通道，可以将该通道中颜色较淡的区域载入为选区。

- 【将选区存储为通道】按钮 ：当图像中有选区时，单击此按钮，可以将图像中的选区存储为 Alpha 通道。

- 【创建新通道】按钮 ：可以创建一个新的通道。

- 【删除当前通道】按钮 ：可以将当前选择或编辑的通道删除。

3.7.2　修图并制作网页效果

本节将运用上面所学的工具和菜单命令来制作另一种形式的网页效果。

【案例目的】：通过练习，让读者达到学以致用的目的。

【案例内容】：首先利用【路径】工具选择背景中的人物图像，然后移动复制到准备的素材图片中，合成艺术背景。再将第 3.7.1 节中选取的图像复制到文件中，调整出不同的颜色后，制作出如图 3-114 所示的网页效果。

图 3-114　制作的网页效果

【操作步骤】

1. 打开素材文件中"图库\第 03 章"目录下的"白色婚纱.jpg"文件，如图 3-115 所示。

2. 利用【路径】工具选择人物，创建的路径形态如图 3-116 所示。

图 3-115　打开的图片

图 3-116　创建的路径

3. 按 Ctrl+Enter 组合键，将路径转换成选区，如图 3-117 所示。

4. 按 F 键，将画面切换为标准屏幕模式显示，然后双击工具箱中的 工具，使画面适合屏幕大小显示。

5. 打开素材文件中"图库\第 03 章"目录下的"羽翼.jpg"文件。

6. 利用 工具将选择的人物图像移动复制到"羽翼.jpg"文件中，然后利用【自由变换】命令将其调整至如图 3-118 所示的大小及位置。

7. 按 Enter 键，确认图片缩小操作，然后执行【图层】/【图层样式】/【投影】命令，弹出【图层样式】对话框，属性栏中各选项及参数设置如图 3-119 所示。

8. 单击 确定 按钮，添加的投影效果如图 3-120 所示。

图 3-117 转换成的选区

图 3-118 缩小图片

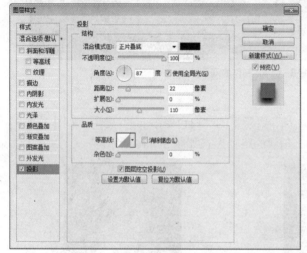

图 3-119 【图层样式】对话框

图 3-120 添加的投影效果

9. 执行【图层】/【新建调整图层】/【曲线】命令，添加"曲线"调整层，在弹出的【曲线】对话框中，依次调整【RGB】通道和【红】通道的曲线形态如图 3-121 所示。

10. 按 Shift+Ctrl+S 组合键，将此文件命名为"网页效果二.psd"另存。

11. 打开素材文件中"图库\第 03 章"目录下的"网页模版二.psd"文件。

12. 在【图层】面板中单击"图层 2"，然后按住 Shift 键单击"组 3"，将所有图层同时选择。

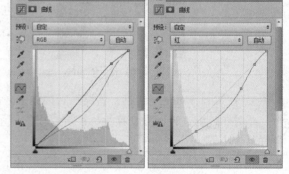

图 3-121 【曲线】对话框

13. 选择 工具，按住 Shift 键将选择的所有图像移动复制到"网页效果二.psd"文件中，效果如图 3-122 所示。

图 3-122 复制的素材

14. 将第 3.7.1 小节保存的 "选取头发.psd" 打开，选择 "背景 副本" 层，执行【图层】/【向下合并】命令，在弹出的询问面板中单击 [应用] 按钮，将 "背景 副本" 层合并到 "图层 1" 中。

15. 将 "图层 1" 中的图像移动复制到 "网页效果二.psd" 文件中，将生成的 "图层 10" 调整至如图 3-123 所示的位置，然后将人物图像调整至如图 3-124 所示的大小及位置。

图 3-123 图层位置

图 3-124 人物调整后的大小及位置

16. 选择 "组 5"，执行【图层】【复制组】命令，在弹出的【复制组】对话框中单击 [确定] 按钮，将 "组 5" 复制为 "组 5 副本" 层。

17. 利用 ▶╋ 工具将复制出的图像向右移动至如图 3-125 所示的位置。

18. 将 "组 5 副本" 层中的 "图层 10" 设置为工作层，然后利用 工具及加、减选区操作，将人物的白色衣服选择，创建的选区如图 3-126 所示。

图 3-125　复制出的图像

图 3-126　创建的选区

19. 在【图层】面板中新建一个图层，然后为选区填充黄色（R:255,G:246），再按 Ctrl + D 组合键去除选区。

20. 将图层的【混合模式】选项设置为"正片叠底"，生成的效果如图 3-127 所示。

图 3-127　修改衣服颜色后的效果

21. 利用【图层】/【复制组】命令将"组 5 副本"层再次复制为"组 5 副本 2"层。

22. 将复制出的图像再次向右移动位置，然后将黄色衣服所在的层选择。

23. 单击【图层】面板左上角的回按钮，锁定该图层的透明像素，然后将前景色设置为蓝色（R:4,G:205,B:248），效果如图 3-128 所示。

24. 打开素材文件中"图库\第 03 章"目录下的"鲜花.psd"文件，并将其移动复制到"网页效果二.psd"文件中。

25. 将生成的图层调整至"组一"的下方，然后调整鲜花在文件中的位置，再利用 T 工具输入如图 3-129 所示的文字。

图 3-128　修改衣服后的效果

图 3-129　输入的文字

26. 继续利用 T 工具，依次输入其他说明文字，即可完成网页的制作。

27. 按 Ctrl + S 组合键，将此文件保存。

3.8　小结

　　本章通过对网页中用到的图片进行修饰，具体讲解了路径工具、绘图工具及各种修饰图像工具的运用。另外，在课堂实训中还对【通道】进行了简要讲解。路径的功能非常强大，特别是在特殊图像的选择与复杂图案的绘制方面，路径工具具有较强的灵活性。编辑工具等则可以对照片中的人物、场景等进行美化或修复。这些工具在实际工作过程中经常用到，希望读者能将其熟练掌握。

3.9　课后练习

　　1. 灵活运用各种修复工具，将图片中的水印文字去除，图片去除后的效果如图 3-130 所示。用到的素材图片为素材文件中"图库\第 03 章"目录下名为"儿童服装.jpg"的文件。

图 3-130　图片素材及去除文字后的效果

2. 灵活运用【魔术橡皮擦】工具及【历史记录画笔】工具对图片的背景进行更换，原图片及更换后的效果如图 3-131 所示。用到的素材图片分别为素材文件中"图库\第 03 章"目录下名为"人物 02.jpg"和"天空_2.jpg"的文件。

图 3-131　图片素材及效果

3. 灵活运用本章学习的工具及案例操作方法，对网店图片进行修图。原照片与处理后的效果如图 3-132 所示。用到的素材图片为素材文件中"图库\第 03 章"目录下名为"_0017786.jpg"和"_0017787.jpg"的文件。

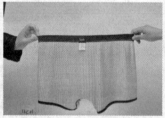

图 3-132　原照片与处理后的效果对比

第 4 章
色彩校正制作个人写真集

本章以制作个人写真集为例，详细介绍【裁剪】工具、各种【图像】/【调整】命令及调整层的运用，主要知识点包括【曲线】、【通道混合器】、【色相/饱和度】、【色彩平衡】、【可选颜色】及【变化】命令等。通过本章的练习，让读者了解各种【调整】命令的功能及产生的不同特效，以便在实际作图过程中灵活运用。

4.1 裁剪图像

在作品绘制及照片处理中，【裁剪】工具是调整图像大小必不可少的。使用此工具可以对图像进行重新构图裁剪、按照固定的大小比例裁剪、旋转裁剪及透视裁剪等操作。

在 Photoshop CS6 中，将以往版本的【裁剪】工具分为了两个工具：【裁剪】工具和【透视裁剪】工具。

（1）使用【裁剪】工具裁切图像。

使用裁剪工具对图像进行裁切的操作步骤为：打开需要裁切的图像文件，然后选择【裁剪】工具或【透视裁剪】工具，在图像文件中要保留的图像区域按住左键拖曳鼠标创建裁剪框，并对裁剪框的大小、位置及形态进行调整，确认后，单击属性栏中的按钮，即可完成裁切操作。

提示　　确认裁切操作，除了单击按钮外，还可以通过按 Enter 键或在裁剪框内双击鼠标左键。若要取消裁切操作，可以按 Esc 键或者单击属性栏中的按钮。

（2）调整裁剪框。

当在图像文件中创建裁剪框后，可对其进行调整，具体操作如下。

● 将鼠标指针放置在裁剪框内，按住左键拖曳鼠标可调整裁剪框的位置；
● 将鼠标指针放置到裁剪框的各角控制点上，按住左键拖曳可调整裁剪框的大小；如按住 Shift 键，将鼠标指针放置到裁剪框各角的控制点上，按住左键拖曳可等比例缩放裁剪框；如按住 Alt 键，可按照调节中心为基准对称缩放裁剪框；如按住 Shift+Alt 组合键，可按照调节中心为基准等比例缩放裁剪框。
● 将鼠标指针放置在裁剪框外，当鼠标指针显示为旋转符号时按住左键拖曳鼠标，可旋转裁剪框。将鼠标指针放置在裁剪框内部的中心点上，按住左键拖曳可调整中心点的位置，以改变裁剪框的旋转中心。注意，如果图像的模式是位图模式，则无法旋转裁切选框。

将鼠标指针放置到透视裁剪框各角点位置，按住左键并拖曳，可调整裁剪框的形态。在调整透视裁剪框时，无论裁剪框调整得多么不规则，当确认后，系统都会自动将保留下来的图像调整为规则的矩形图像。

4.1.1 重新构图裁剪照片

在照片处理过程中，当遇到主要景物太小，而周围的多余空间较大时，就可以利用【裁剪】工具对其进行裁剪处理，使照片的主题更为突出。

【案例目的】：通过案例，充分学习【裁剪】工具的应用。

【案例内容】：打开素材图片后，利用【裁剪】命令进行裁剪图像，照片裁剪前后的对比效果如图 4-1 所示。

图 4-1　原素材图片及裁剪后的效果对比

【操作步骤】

1. 打开素材文件中"图库\第 04 章"目录下的"快乐女孩.jpg"文件。

2. 选取【裁剪】工具 🔲，单击属性栏中的 ⚙ 按钮，在弹出的面板中设置选项如图 4-2 所示。

3. 将鼠标指针移动到画面中的人物周围拖曳鼠标，即可绘制出裁剪框，如图 4-3 所示。

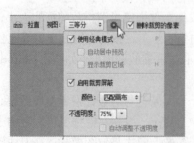

图 4-2　设置的选项　　　　　　　图 4-3　绘制的裁剪框

如果不勾选属性栏中的【删除裁剪的像素】选项，裁切图像后并没有真正将裁切框外的图像删除，只是将其隐藏在画布之外，如果在窗口中移动图像还可以看到被隐藏的部分。这种情况下，图像裁切后，背景层会自动转换为普通层。

提示

4. 对裁剪框的大小进行调整，效果如图 4-4 所示。
5. 单击属性栏中的☑按钮，确认图片的裁剪操作，裁剪后的画面如图 4-5 所示。
6. 按 Shift+Ctrl+S 组合键将此文件另命名为"裁剪 01.jpg"保存。

图 4-4　调整后的裁剪框

图 4-5　裁剪后的图像文件

4.1.2　固定比例裁剪照片

照相机及照片冲印机都是按照固定的尺寸来拍摄和冲印的，所以当对照片进行后期处理时其照片的尺寸也要符合冲印机的尺寸要求。

【案例目的】：利用【裁剪】工具🔲属性栏中的功能，按照固定的比例对照片进行裁剪。

【案例内容】：下面将图片调整为竖向 10 寸大小的冲洗比例，照片裁剪前后的对比效果如图 4-6 所示。

图 4-6　照片裁剪前后的对比效果

【操作步骤】
1. 打开素材文件中"图库\第 04 章"目录下的"海边.jpg"文件。

2. 选取 🔳 工具，单击属性栏中的 [不受约束 ▪] 按钮，在弹出的列表中选择 "4×5（8×10）" 选项，此时在图像文件中会自动生成该比例的裁剪框，如图 4-7 所示。

3. 单击属性栏中的 🔄 按钮，可将裁剪框旋转角度，如图 4-8 所示。注意，裁剪框旋转后仍然会保持设置的比例，不需要再重新设置。

图 4-7　自动生成的裁剪框　　　　　　　　图 4-8　旋转后的裁剪框

4. 将鼠标指针移动到裁剪框内按下并向右移动位置，使人物在裁剪框内居中，然后按 Enter 键，确认图像的裁剪，即可完成按比例裁剪图像。

5. 按 Shift+Ctrl+S 组合键，将此文件另命名为 "裁剪 02.jpg" 保存。

4.1.3　旋转裁剪倾斜的照片

在拍摄或扫描照片时，可能会由于某种失误而导致画面中的主体物出现倾斜的现象，此时也可以利用【裁剪】工具 🔳 来进行旋转裁剪修整。

【案例目的】：学习利用【裁剪】工具对照片进行旋转裁剪。

【案例内容】：打开素材图片后，利用【裁剪】命令进行调整图像，照片裁剪前后的对比效果如图 4-9 所示。

图 4-9　原素材图片与裁剪后的效果对比

【操作步骤】

1. 打开素材文件中 "图库\第 04 章" 目录下的 "美女.jpg" 文件。

2. 选取 🔳 工具，单击属性栏中的 [不受约束 ▪] 按钮，在弹出的列表中选择 "原始比例" 选项。

3. 此时在图像周围即自动生成一个裁剪框，将鼠标指针移动到裁剪框外，当鼠标指针显示为旋转符号↻时，按住左键并向右下方拖曳鼠标，将裁剪框旋转到与图像中的地平线位置平行，如图 4-10 所示。

4. 将鼠标指针移动到裁剪框内按下并向右下方稍微移动位置，使人物头部上方不显示杂乱的图像，如图 4-11 所示。

5. 单击属性栏中的 $\checkmark$ 按钮，确认图片的裁剪操作，然后按 $\boxed{Shift}$+$\boxed{Ctrl}$+$\boxed{S}$ 组合键，将此文件另命名为"裁剪 03.jpg"保存。

图 4-10 旋转裁剪框形态

图 4-11 裁剪后的效果

4.1.4 拉直倾斜的照片

在 Photoshop CS6 中，【裁剪】工具又新增加了一个"拉直"功能，可以直接将倾斜的照片进行旋转矫正，以达到更加理想的效果。

【案例目的】：了解如何对倾斜的照片进行拉直处理。

【案例内容】：原素材图片与拉直后的效果对比如图 4-12 所示。

图 4-12 图片拉直前后的对比效果

【操作步骤】

1. 打开素材文件中"图库\第 04 章"目录下的"海上仙山.jpg"文件。

2. 选取 工具，并激活属性栏中的 按钮，然后沿着海平线位置拖曳出如图 4-13 所示的裁剪线。

3. 释放鼠标后，即根据绘制的裁剪线生成如图 4-14 所示的裁剪框。

4. 单击属性栏中的 $\checkmark$ 按钮，确认图片的裁剪操作，此时倾斜的海平面即被矫正过来了。

5. 按 $\boxed{Shift}$+$\boxed{Ctrl}$+$\boxed{S}$ 组合键，将此文件另命名为"裁剪 04.jpg"保存。

图 4-13　绘制的裁剪线

图 4-14　生成的裁剪框

4.1.5　透视裁剪倾斜的照片

在拍摄照片时，由于拍摄者所站的位置或角度不合适而经常会拍摄出具有严重透视的照片，对于此类照片可以通过【透视裁剪】工具□进行透视矫正。

【案例目的】：学习【透视裁剪】工具□的应用。

【案例内容】：照片裁剪前后的对比效果如图 4-15 所示。

图 4-15　照片裁剪前后的对比效果

【操作步骤】

1. 打开素材文件中"图库\第 04 章"目录下的"牌坊.jpg"文件。

2. 选取【透视裁剪】工具□，然后将鼠标指针移动到左上角的控制点上按下并向右拖曳，状态如图 4-16 所示。

3. 用相同的方法，将左上角的控制点进行调整，在调整时注意观察垂直方向和水平方向的辅助线要与建筑物的边缘线平行，如图 4-17 所示。

图 4-16　绘制的裁剪框　　　　　　　　图 4-17　调整透视裁剪框

4. 按 Enter 键确认图片的裁剪操作，即可对图像的透视进行矫正，如图 4-18 所示。

5. 按 Ctrl+A 组合键，添加选框。按 Ctrl+T 组合键，添加自由变形框，然后拖动变形框的控制点，将图片在垂直方向上向下压缩，如图 4-19 所示。

图 4-18　调整透视后的建筑物

图 4-19　向下压缩变形图片

6. 按 Enter 键确认图片变形操作。

7. 执行【图像】/【裁剪】命令，根据选区把选区外的空白区域裁剪掉。

8. 按 Ctrl+D 组合键，去除选区，裁剪完成的图片如图 4-20 所示。

9. 按 Shift+Ctrl+S 组合键，将此文件另命名为"裁剪 05.jpg"保存。

图 4-20　裁剪完成的图片

4.2　调整命令

执行【图像】/【调整】命令，将弹出如图 4-21 所示的子菜单。【调整】子菜单中的命令主要是对图像或选择区域中的图像进行颜色、亮度、饱和度及对比度等的调整，使用这些命令可以使图像产生多种色彩上的变化。下面来简要介绍一下这些命令。

- 【亮度/对比度】命令：通过设置不同的数值及调整滑块的不同位置，来改变图像的亮度及对比度。
- 【色阶】命令：可以调节图像各个通道的明暗对比度，从而改变图像颜色。
- 【曲线】命令：利用调整曲线的形态来改变图像各个通道的明暗数量，从而改变图像的色调。
- 【曝光度】命令：可以在线性空间中调整图像的曝光数量、位移和灰度系数，进而改变当前颜色空间中图像的亮度和明度。

亮度/对比度(C)...	
色阶(L)...	Ctrl+L
曲线(U)...	Ctrl+M
曝光度(E)...	
自然饱和度(V)...	
色相/饱和度(H)...	Ctrl+U
色彩平衡(B)...	Ctrl+B
黑白(K)...	Alt+Shift+Ctrl+B
照片滤镜(F)...	
通道混合器(X)...	
颜色查找...	
反相(I)	Ctrl+I
色调分离(P)...	
阈值(T)...	
渐变映射(G)...	
可选颜色(S)...	
阴影/高光(W)...	
HDR 色调...	
变化...	
去色(D)	Shift+Ctrl+U
匹配颜色(M)...	
替换颜色(R)...	
色调均化(Q)	

图 4-21　【调整】子菜单中的命令

- 【自然饱和度】命令：将直接调整图像的饱和度。
- 【色相/饱和度】命令：可以调整图像的色相、饱和度和亮度，它既可以作用于整个画面，也可以对指定的颜色单独调整，还可以为图像染色。
- 【色彩平衡】命令：通过调整各种颜色的混合量来调整图像的整体色彩。如果在【色彩平衡】对话框中勾选【保持明度】复选框，对图像进行调整时，可以保持图像的亮度不变。
- 【黑白】命令：可以快速将彩色图像转换为黑白图像或单色图像，同时保持对各颜色的控制。
- 【照片滤镜】命令：此命令可以模仿在相机镜头前面加彩色滤镜，以便调整通过镜头传输光的色彩平衡和色温，使图像产生不同颜色的滤色效果。
- 【通道混合器】命令：可以通过混合指定的颜色通道来改变某一颜色通道的颜色，进而影响图像的整体效果。
- 【颜色查找】命令：主要作用是对图像色彩进行校正，实现高级色彩的变化。该命令虽然不是最好的精细色彩调整工具，但它却可以在短短几秒钟内创建多个颜色版本，用来找大体感觉的色彩非常方便。
- 【反相】命令：可以将图像的颜色及亮度全部反转，生成图像的反相效果。
- 【色调分离】命令：可以自行指定图像中每个通道的色调级数目，然后将这些像素映射在最接近的匹配色调上。
- 【阈值】命令：通过调整滑块的位置可以调整【阈值色阶】值，从而将灰度图像或彩色图像转换为高对比度的黑白图像。
- 【渐变映射】命令：可以将选定的渐变色映射到图像中以取代原来的颜色。
- 【可选颜色】命令：可以调整图像的某一种颜色，从而影响图像的整体色彩。
- 【阴影/高光】命令：可以校正由强逆光而形成剪影的照片或者校正由于太接近相机闪光灯而有些发白的焦点。
- 【HDR 色调】命令：可以将全范围的 HDR 对比度和曝光度设置应用于各个图像。
- 【变化】命令：可以调整图像或选区的色彩、对比度、亮度和饱和度等。
- 【去色】命令：可以将原图像中的颜色去除，使图像以灰色的形式显示。
- 【匹配颜色】命令：可以将一个图像（原图像）的颜色与另一个图像（目标图像）相匹配。使用此命令，还可以通过更改亮度和色彩范围及中和色调调整图像中的颜色。
- 【替换颜色】命令：可以用设置的颜色样本来替换图像中指定的颜色范围，其工作原理是先用【色彩范围】命令选取要替换的颜色范围，再用【色相/饱和度】命令调整选取图像的色彩。
- 【色调均化】命令：可以将通道中最亮和最暗的像素定义为白色和黑色，然后按照比例重新分配到画面中，使图像中的明暗分布更加均匀。

4.2.1 调整中性色调

在写真集中，除了对拍摄的照片进行正常和修饰外，一般还会将照片调整为不同的色调，以体现出另一种风格效果。

【案例目的】：本节来学习中性色调的调整方法。

【案例内容】：打开素材图片后，分别利用各种【调整】命令对其进行修改，以制作出中性色调效果，素材图片及调整后的效果如图 4-22 所示。

图 4-22　素材图片及调整色调后的效果

【操作步骤】

1. 打开素材文件中"图库\第 04 章"目录下的"人物 01.jpg"文件。

首先利用【反相】命令，结合【图层混合模式】和【不透明度】选项，将图像的色调进行统一。

2. 按 Ctrl+J 组合键，将背景层通过复制生成"图层 1"。

3. 执行【图像】/【调整】/【反相】命令，或按 Ctrl+I 组合键，将图像反相处理，效果如图 4-23 所示。

4. 在【图层】面板中，将"图层 1"的【图层混合模式】选项设置为"颜色"，效果如图 4-24 所示。

图 4-23 彩图

扫一扫

图 4-24 彩图

　　图 4-23　反相后的效果　　　　　图 4-24　设置图层混合模式后的效果

5. 将背景层再次复制，并将复制出的图层调整至"图层 1"的上方，然后将【不透明度】选项的参数设置为"60%"，效果如图 4-25 所示。

图 4-25 彩图

接下来，利用【可选颜色】命令将图像调整为偏暖一点的色调，然后利用【亮度/对比度】命令和【色阶】命令，将图像的亮度和对比度进行调整。注意在下面应用【调整】菜单下的命令时，将灵活运用调整层。

图 4-25　设置不透明度后的效果

知识链接

通过新建调整层可以用不同的颜色或调整方式来调整下方图层中图像的颜色。细分为填充层和调整层两种类型，这两种类型都是在当前层的上方新建一个图层，通过新建的填充层可以填充纯色、渐变色和图案；通过新建的调整层可以用不同的命令来调整下方图像。如果对填充的颜色或调整的效果不满意，可随时重新调整或删除填充层和调整层，原图像并不会被破坏。

创建填充层或调整层的方法如下。

（1）在【图层】面板中选择要创建填充层或调整层的图层。

（2）单击图层面板中的 按钮，在弹出的菜单中选取要创建的图层类型，或执行【图层】/【新建填充图层】（【新建调整图层】）命令，并在子菜单中选取要创建的图层命令。

（3）选择任一填充或调整命令后，在弹出的相应对话框中设置选项，即可创建填充层或调整层。

 提示

如果要将填充或调整效果限制在所选区域内，在图像文件中可先建立选区，然后执行【新建填充图层】或【新建调整图层】命令即可；如果在创建填充层或调整层时路径处于当前状态，则会创建一个由矢量蒙版限制的填充层或调整层。

6．单击下方的 按钮，在弹出的命令列表中选择【可选颜色】命令，然后在【属性】面板中分别调整红色、黄色、中性色和黑色的选项参数如图 4-26 所示。

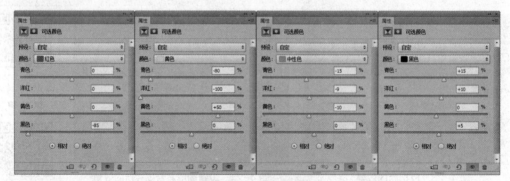

图 4-26　颜色调整参数

调整【可选颜色】命令后的效果如图 4-27 所示。

 提示

填充层和调整层与其下面的图层有着相同的【不透明度】和【混合模式】选项，并且可以像普通层那样重排、删除、隐藏、复制和合并。需要注意的是，将填充层或调整层与它下面的图层合并后，该调整效果将被栅格化并永久应用于合并的图层内。

创建了填充层或调整层后，用户还可以方便地编辑所做的设置。在【图层】面板中双击填充层或调整层的图层缩览图，可再次弹出【属性】面板，在该面板中可对参数进行再修改。在实际的调色过程中，建议大家尽量使用调整层来调整图像，以方便后期的编辑和修改。

7. 单击 ⊘. 按钮，在弹出的命令列表中选择【亮度/对比度】命令，然后在【调整】面板中将【亮度】选项的参数设置为 "9"；【对比度】选项的参数设置为 "20"，效果如图 4-28 所示。

图 4-27　调整暖色调后的效果

图 4-28　调整亮度和对比度后的效果

8. 单击 ⊘. 按钮，在弹出的命令列表中选择【色阶】命令，然后在【属性】面板中调整各选项参数如图 4-29 所示，使画面更清晰，效果如图 4-30 所示。

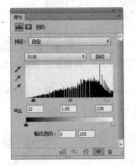

图 4-29　调整的色阶参数

图 4-30　调整后的效果

9. 至此，图像调整完成，按 Shift+Ctrl+S 组合键，将此文件命名为 "调整中性色.psd" 保存。

4.2.2　调整日韩粉蓝色调

【案例目的】：本节再来介绍一种灵活运用调整层调整日韩粉蓝色调的方法。

【案例内容】：打开素材图片后，分别利用各种【调整】命令对其进行修改，以制作出日韩粉蓝色调效果，素材图片及调整后的效果如图 4-31 所示。

扫一扫

图 4-31 左图彩图

扫一扫

图 4-31 右图彩图

图 4-31　原图片及调整后的效果

【操作步骤】

1. 打开素材文件中"图库\第04章"目录下的"人物06.jpg"文件。

2. 单击【图层】面板下方的 ⊘. 按钮，在弹出的菜单中选择【曲线】命令，然后在弹出的【曲线】面板中选择"蓝"通道，并调整曲线的形态如图4-32所示，调整后的图像效果如图4-33所示。

图4-32 【曲线】面板

图4-33 调整后的图像效果

3. 再次单击 ⊘. 按钮，在弹出的菜单中选择【通道混合器】命令，然后在弹出的【通道混合器】面板中设置参数如图4-34所示，调整后的图像效果如图4-35所示。

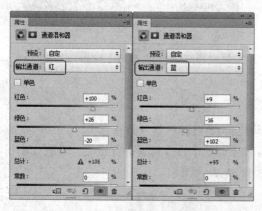

图4-34 【通道混合器】面板

图4-35 调整后的图像效果

4. 继续单击 ⊘. 按钮，在弹出的菜单中选择【色彩平衡】命令，然后在弹出的【色彩平衡】面板中依次设置选项参数如图4-36所示，调整后的图像效果如图4-37所示。

5. 按 Alt+Ctrl+2 组合键，将图像中的亮部区域作为选区载入，载入的选区形态如图4-38所示。

6. 新建"图层1"，为选区填充蓝色（R:38,G:120,B:245），然后按 Ctrl+D 组合键，将选区去除，填充颜色后的效果如图4-39所示。

7. 将"图层1"的【图层混合模式】选项设置为"滤色"模式，更改混合模式后的图像效果如图4-40所示。

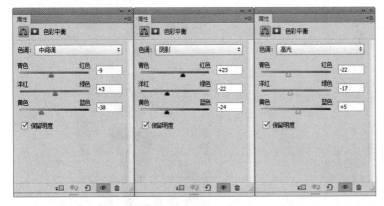

图 4-36 【色彩平衡】面板

图 4-37 调整后的图像效果

图 4-38 载入的选区形态　　　图 4-39 填充颜色后的效果　　图 4-40 更改混合模式后的效果

8. 单击 ⊘. 按钮，在弹出的菜单中选择【色彩平衡】命令，然后在弹出的【色彩平衡】
面板中设置参数如图 4-41 所示，调整后的图像效果如图 4-42 所示。

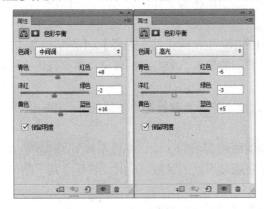

图 4-41 【色彩平衡】面板

图 4-42 调整后的图像效果

9. 新建"图层 2"，并为其填充灰紫色（R:200,G:185,B:220），然后将其【图层混合模式】
选项设置为"滤色"模式，更改混合模式后的图像效果如图 4-43 所示。

10. 单击【图层】面板下方的 ▣ 按钮，为"图层 2"添加图层蒙版，然后利用 ▣ 工具，
在画面中由右下角至左上角填充从黑色到白色的线性渐变色编辑蒙版，效果如图 4-44 所示。

图 4-43　更改混合模式后的效果　　　　　　图 4-44　编辑蒙版后的效果

 知识链接

蒙版是将不同灰度色值转化为不同的透明度，并作用到它所在的图层中，使图层不同部位透明度产生相应的变化，黑色为完全透明，白色为完全不透明。蒙版还具有保护和隐藏图像的功能，当对图像的某一部分进行特殊处理时，利用蒙版可以隔离并保护其余的图像部分不被修改和破坏。

根据创建方式不同，蒙版可分为图层蒙版、矢量蒙版和剪贴蒙版。图层蒙版是位图图像，与分辨率相关，它是由绘图或选框工具创建的；矢量蒙版与分辨率无关，是由【钢笔】工具或形状工具创建的；剪贴蒙版是由基底图层和内容图层创建的。

一、创建图层蒙版

在【图层】面板中选择要添加图层蒙版的图层或图层组，然后执行下列任一操作。

- 在【图层】面板中单击 ▣ 按钮或执行【图层】/【图层蒙版】/【显示全部】命令，即可创建出显示整个图层的蒙版。当前图像文件中有选区，可以创建出显示选区内图像的蒙版。
- 按住 Alt 键单击【图层】面板中的 ▣ 按钮或执行【图层】/【图层蒙版】/【隐藏全部】命令，即可创建出隐藏整个图层的蒙版。当前图像文件中有选区，可以创建出隐藏选区内图像的蒙版。

在【图层】面板中单击蒙版缩览图，使之成为当前状态，然后在工具箱中选择 ▨ 工具，执行下列操作之一可以编辑图层蒙版。

- 在蒙版图像中绘制黑色，可增加蒙版被屏蔽的区域，并显示其下图像中更多的区域。
- 在蒙版图像中绘制白色，可减少蒙版被屏蔽的区域，此时，将显示其下图像中较少的图像。
- 在蒙版图像中绘制灰色，可创建半透明效果的屏蔽区域。

二、停用或启用蒙版

完成图层蒙版的创建后，既可以应用蒙版使其更改永久化，也可以扔掉蒙版而不应用更改，操作如下。

- 执行【图层】/【图层蒙版】/【应用】命令或单击【图层】面板下方的 🗑 按钮，在弹出的询问面板中单击 应用 按钮，即可在当前层中应用图层蒙版。

- 执行【图层】/【图层蒙版】/【删除】命令或单击【图层】面板下方的 🗑 按钮，在弹出的询问面板中单击 [删除] 按钮，即可在当前层中取消图层蒙版。

11. 按 Shift+Ctrl+Alt+E 组合键，盖印图层生成"图层 3"，然后执行【图像】/【调整】/【去色】命令，将图像的颜色去除。

12. 执行【滤镜】/【模糊】/【高斯模糊】命令，在弹出的【高斯模糊】对话框中将【半径】选项的参数设置为"5.0"像素，单击 [确定] 按钮，执行【高斯模糊】命令后的图像效果如图 4-45 所示。

13. 将"图层 3"的【图层混合模式】选项设置为"柔光"模式，【不透明度】选项的参数设置为"30%"，更改混合模式及不透明度参数后的图像效果如图 4-46 所示。

图 4-45　执行【高斯模糊】后的效果　　　　图 4-46　更改混合模式后的效果

14. 新建"图层 4"，并将其【图层混合模式】选项设置为"柔光"模式，然后利用 🖌 工具，沿画面边缘喷绘黑色，效果如图 4-47 所示。

图 4-47　喷绘颜色后的效果

15. 按 Shift+Ctrl+S 组合键，将文件另命名为"调整日韩粉蓝色调.psd"保存。

4.2.3　制作写真画面（一）

下面我们将调整后的图像进行整合，制作出写真集中的一幅画面。

【案例目的】：让读者学习在已有素材图片的基础上进行图像的合成，以得到理想的画面效果。

【案例内容】：制作的写真集画面如图 4-48 所示。

图 4-48　制作的写真集画面

【操作步骤】

1. 打开素材文件中"图库\第 04 章"目录下的"背景.jpg"文件。

2. 利用□工具绘制如图 4-49 所示的矩形选区。

3. 执行【选择】/【变换选区】命令，将选区旋转至如图 4-50 所示的形态。

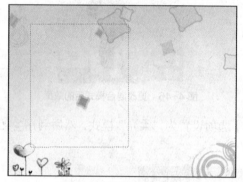

图 4-49　绘制的矩形选区

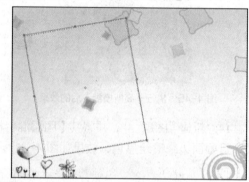

图 4-50　旋转角度后的形态

4. 按 Enter 键确认选区的调整，然后新建"图层 1"，并为选区填充白色。

5. 执行【图层】/【图层样式】/【描边】命令，在弹出的【图层样式】对话框中将【颜色】设置为蓝色（R:100,G:180,B:240），设置其他选项参数如图 4-51 所示。

6. 单击【斜面和浮雕】选项，并设置右侧的选项参数如图 4-52 所示。

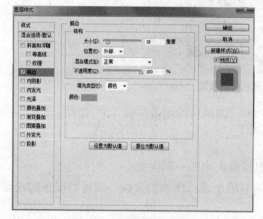

图 4-51　设置的描边参数

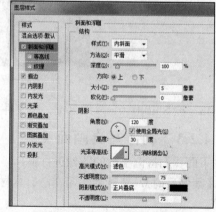

图 4-52　设置的斜面浮雕参数

7. 单击 [　确定　] 按钮，白色图形添加图层样式后的效果如图 4-53 所示。

8. 将"调整中性色.psd"文件打开，按 [Alt]+[Shift]+[Ctrl]+[E] 组合键，将所有的图层复制并合并为一个新的图层"图层 2"。

9. 将"图层 2"中的图像移动复制到"背景"文件中。

10. 执行【图层】/【创建剪贴蒙版】命令，将"图层 2"的图像通过下方的白色图形进行显示，此时的【图层】面板如图 4-54 所示。

图 4-53　添加图层样式后的效果

图 4-54　剪贴蒙版图层

 知识链接

剪贴蒙版是由基底图层和内容图层创建的，将两个或两个以上的图层创建剪贴蒙版后，可用剪贴蒙版中最下方的图层（基底图层）形状来覆盖上面的图层（内容图层）内容。例如，一个图像的剪贴蒙版中下方图层为某个形状，上面的图层为图像或者文字，如果将上面的图层都创建为剪贴蒙版，则上面图层的图像只能通过下面图层的形状来显示其内容，如图 4-55 所示。

图 4-55　剪贴蒙版

（1）创建剪贴蒙版

● 在【图层】面板中选择最下方图层上面的一个图层，然后执行【图层】/【创建剪贴蒙版】命令，即可在该图层与其下方的图层创建剪贴蒙版（注意，背景图层无法创建剪贴蒙版）。

● 按住 [Alt] 键将鼠标指针放置在【图层】面板中要创建剪贴蒙版的两个图层中间的线上，

当鼠标指针显示为 ↲口 形状时，单击即可创建剪贴蒙版。

（2）释放剪贴蒙版

● 在【图层】面板中，选择剪贴蒙版中的任一图层，然后执行【图层】/【释放剪贴蒙版】命令，即可释放剪贴蒙版，还原图层相互独立的状态。

● 按住 Alt 键将鼠标指针放置在分隔两组图层的线上，当鼠标指针显示为 ↲口 形状时，单击即可释放剪贴蒙版。

11. 利用【自由变换】命令将图像调整至如图 4-56 所示的大小及位置。

12. 在【图层】面板中，将"图层 1"复制为"图层 1 副本"层，然后将其调整至"图层 2"的上方，并利用【自由变换】命令将其调整至如图 4-57 所示的形态。

图 4-56　调整后的图像显示效果　　　　　图 4-57　复制出的图形

13. 将"日韩粉蓝色调.psd"文件打开，按 Alt+Shift+Ctrl+E 组合键，将所有的图层复制并合并为一个新的图层"图层 5"。

14. 将"图层 5"中的图像移动复制到"背景"文件中。

15. 执行【图层】/【创建剪贴蒙版】命令，将该图像也通过下方的白色图形进行显示，效果如图 4-58 所示。

16. 打开素材文件中"图库\第04章"目录下的"素材.psd"文件。

17. 分别选择图层，将素材依次移动复制到"背景"文件中，并放置到如图 4-59 所示的位置。

图 4-58　创建剪贴蒙版后的效果　　　　　图 4-59　添加的素材图片

18. 利用 T 工具，在画面的右上角位置输入文字，即可完成画面的设计，效果如图 4-48 所示。

19. 按 Shift+Ctrl+S 组合键，将此文件命名为"写真集画面一.psd"保存。

4.2.4 制作写真画面（二）

本节来制作第二幅写真画面。

【案例目的】：继续学习【图像】/【调整】命令及调整层的运用。

【案例内容】：制作的第二幅写真画面如图 4-60 所示。

图 4-60 制作的写真画面

【操作步骤】

1. 打开素材文件中"图库\第 04 章"目录下的"黄色背景.psd"和"人物 02.jpg"文件。

2. 将人物图像移动复制到"黄色背景"文件中生成"图层 2"，然后将其调整大小后放置到画面的左侧位置，如图 4-61 所示。

3. 按住 Ctrl 键，单击"图层 2"左侧的图层缩览图添加选区，然后单击【图层】面板下方的 ⊙ 按钮，在弹出的菜单中选择【可选颜色】命令，在弹出的【属性】面板中将【颜色】设置为"中性色"，然后设置其下的参数如图 4-62 所示。

图 4-61 图像调整后的形态

图 4-62 设置的颜色参数

4. 再次载入"图层 2"中图像的选区，然后单击【图层】面板下方的 ⊙ 按钮，在弹出的菜单中选择【曲线】命令，在弹出的【属性】面板中调整曲线形态如图 4-63 所示，以增强图像的层次感，调整后的图像效果如图 4-64 所示。

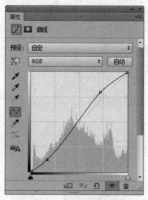

图 4-63　调整的曲线形态

图 4-64　调整后的图像效果

5．在【图层】面板中将"图层 1"设置为工作状态，然后将其复制为"图层 1 副本"层，执行【编辑】/【变换】/【旋转 180 度】命令，将复制的图像旋转角度并调整至如图 4-65 所示的位置。

6．打开素材文件中"图库\第 04 章"目录下的"人物 03.jpg"文件，并将其移动复制到"黄色背景"文件中生成"图层 3"，然后将其调整大小后放置到如图 4-66 所示的位置。

图 4-65　复制出的花边图像

图 4-66　图像调整后的大小及位置

7．利用 工具根据人物的区域绘制出如图 4-67 所示的矩形选区。

8．单击【图层】面板下方的 按钮，为"图层 3"添加图层蒙版，将选区以外的图像隐藏，效果如图 4-68 所示。

9．按住 Ctrl 键，单击"图层 3"左侧的图层缩览图添加选区，然后单击【图层】面板中的 按钮，在弹出的菜单中选择【照片滤镜】命令，在再次弹出的【属性】面板中设置选项及参数如图 4-69 所示。

10．打开素材文件中"图库\第 04 章"目录下的"人物 04.jpg"文件，并将其移动复制到"黄色背景"文件中生成"图层 4"。

11．按 Ctrl+R 组合键将标尺调出，然后将鼠标指针放置到上方的标尺位置上按下并向画面中拖曳，根据"图层 3"的人物图像添加两条辅助线，然后将"图层 4"中的图像调整至如图 4-70 所示的大小及位置。

图 4-67　绘制的选区

图 4-68　隐藏边缘图像后的效果

图 4-69　选择的蓝滤镜

12. 按住 Ctrl 键，单击"图层 4"左侧的图层缩览图添加选区，然后单击【图层】面板下方的 ○. 按钮，在弹出的菜单中选择【色阶】命令，在弹出的【属性】面板中，选择"蓝"通道，然后设置色阶参数如图 4-71 所示。

图 4-70　图像调整后的大小及位置

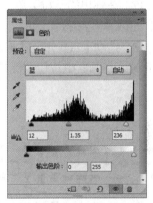
图 4-71　【色阶】参数设置

13. 打开素材文件中"图库\第 04 章"目录下的"人物 05.jpg"文件，并将其移动复制到新建"黄色背景"文件中生成"图层 5"，然后为其添加与"图层 3"相同的照片滤镜，再调整至如图 4-72 所示的大小及位置。

图 4-72　调整后的图像

14. 利用 T 工具，依次输入如图 4-73 所示的英文字母。

图 4-73 输入的英文字母

15. 新建"图层 6"，然后将前景色设置为暗紫色（R:140,G:105,B:105）。

16. 选取 工具，在属性栏中选择 像素 ÷ 按钮，并单击属性栏中【形状】选项右侧的倒三角按钮，在弹出的【自定形状】面板中单击右上角的 ❋ 按钮。

17. 在弹出的下拉菜单中选择【全部】命令，然后在弹出【Adobe Photoshop】询问面板中单击 确定 按钮，用"全部"的形状图形替换【自定形状】面板中的形状图形。

18. 拖动【自定形状】面板右侧的滑块，选取如图 4-74 所示的皇冠形状图形，然后按住 Shift 键，在画面中按住左键并拖曳鼠标，绘制出如图 4-75 所示的皇冠图形。

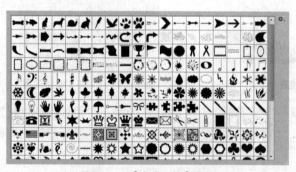

图 4-74 【自定形状】面板

图 4-75 绘制的图形

19. 打开素材文件中"图库\第 04 章"目录下的"蝴蝶.psd"文件，并将其移动复制到新建"黄色背景"文件中生成"图层 7"，调整大小及角度后，即可完成第二幅写真画面，效果如图 4-60 所示。

20. 按 Shift+Ctrl+S 组合键，将文件命名为"写真画面二.psd"保存。

4.3 课堂实训

下面灵活运用本章所学的【调整】菜单命令，来对图像进行色彩调整。

4.3.1　调整金秋色调

【案例目的】：学习把夏日的风景图片调整成金秋色调。

【案例内容】：利用【色相/饱和度】命令把夏日的风景图片调整成金秋效果，风景素材及调整出的金秋色调效果如图 4-76 所示。

图 4-76 左图彩图

图 4-76 右图彩图

图 4-76　风景素材及调整出的效果

【操作步骤】

1. 打开素材文件中"图库\第 04 章"目录下的"风景.jpg"文件，执行【图像】/【模式】/【CMYK 颜色】命令，将当前文件的 RGB 颜色模式转换为 CMYK 颜色模式。

　　　　　对于 RGB 颜色的图像，其色彩显示较为鲜艳，在利用颜色调整命令时，较艳丽的色彩很容易发生变化而达不到想要的理想效果，所以本例在颜色开始调整之前，首先将其转换为 CMYK 颜色模式。这一步操作非常重要，如果读者不转换图像模式，用下面的参数将调整不出预期的效果。

提示

2. 按 Ctrl+U 组合键，弹出【色相/饱和度】对话框，依次设置绿色和青色的相应参数如图 4-77 所示。

图 4-77　【色相/饱和度】对话框

　　　　　在调整【色相/饱和度】对话框中的参数时，调整完"绿色"的参数后，不要关闭对话框，直接在下拉列表中再选择"青色"进行调整，调整完成后，再单击　确定　按钮，否则不能出现与本例完全相同的效果。

提示

3. 单击　确定　按钮，即可完成图像的调整，按 Shift+Ctrl+S 组合键，将此文件命名为"金秋色调.jpg"另存。

4.3.2 调整霞光色调

【案例目的】：学习把白天拍摄的人物照片调整成傍晚的霞光效果。

【案例内容】：执行【可选颜色】命令，通过设置和调整不同的颜色参数，把白天拍摄的人物照片调整成傍晚的霞光效果，照片素材及调整出的傍晚霞光效果如图 4-78 所示。

图 4-78 左图彩图

图 4-78 右图彩图

图 4-78 照片素材及调整出的傍晚霞光效果

【操作步骤】

1. 打开素材文件中"图库\第 04 章"目录下的"照片 01.jpg"文件。

2. 执行【图像】/【调整】/【可选颜色】命令，在弹出的【可选颜色】对话框中将【颜色】选项设置为"中性色"，然后调整颜色参数如图 4-79 所示，此时的画面效果如图 4-80 所示。

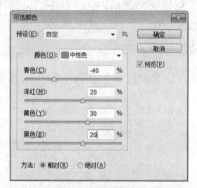

图 4-79 设置的【颜色】参数

图 4-80 调整后的效果

3. 将【颜色】选项设置为"白色"，然后调整颜色参数如图 4-81 所示，此时的画面效果如图 4-82 所示，单击 确定 按钮，即完成霞光效果的调整。

图 4-81 设置的【颜色】参数

图 4-82 调整后的效果

4. 读者也可自行调整以上的【颜色】参数，看是否能调整出更漂亮的颜色效果来。

5. 按 Shift+Ctrl+S 组合键，将此文件命名为"霞光色调.jpg"另存。

4.3.3　调整曝光过度的照片

【案例目的】：把曝光过度的照片调整成正常亮度。

【案例内容】：利用【曝光度】命令及【照片滤镜】命令，把曝光过度的照片调整成正常亮度，照片素材及调整正常亮度后的效果如图 4-83 所示。

图 4-83　照片素材及调整正常亮度后的效果

【操作步骤】

1. 打开素材文件中"图库\第 04 章"目录下的"照片 02.jpg"文件。

2. 执行【图像】/【调整】/【曝光度】命令，弹出【曝光度】对话框，选项参数设置如图 4-84 所示，单击 确定 按钮，图像调整后的效果如图 4-85 所示。

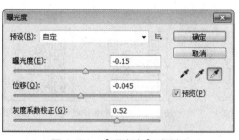

图 4-84　【曝光度】对话框　　　　　　图 4-85　调整后的效果

3. 执行【窗口】/【通道】命令，将【通道】面板调出，然后按住 Ctrl 键单击 RGB 通道左侧的缩览图，将画面中的亮部区域作为选区载入，如图 4-86 所示。

4. 新建"图层 1"，并为选区填充白色，然后按 Ctrl+D 组合键去除选区。

5. 将"图层 1"的【图层混合模式】选项设置为"柔光"，【不透明度】选项的参数设置为"70%"，效果如图 4-87 所示。

6. 按 Ctrl+E 组合键，将"图层 1"合并到"背景"层中，然后执行【图像】/【调整】/【照片滤镜】命令，在弹出的【照片滤镜】对话框中，设置选项及参数如图 4-88 所示。

7. 单击 确定 按钮，添加蓝色滤镜后的画面效果如图 4-89 所示。

图 4-86 载入选区

图 4-87 添加混合模式后的效果

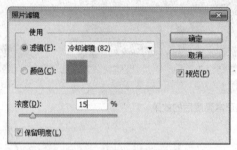

图 4-88 【照片滤镜】对话框

图 4-89 添加蓝色滤镜后的效果

下面利用 工具对人物的婚纱颜色进行修复，使其还原原片中的白色效果。

8. 选取 工具，设置合适的笔头大小及【不透明度】参数后，将鼠标指针移动到人物的婚纱位置拖曳，还原婚纱的颜色。

9. 至此，图像调整完成，对比效果如图 4-83 所示。按 Shift+Ctrl+S 组合键，将此文件命名为"曝光过度调整.jpg"另存。

4.3.4 调整曝光不足的照片

在拍摄照片时，如果因天气、光线或相机的曝光度不够，拍摄出的照片会出现曝光不足的情况，而利用【色阶】命令可以很容易地把曝光不足的照片调整成正常亮度。

【案例目的】：把曝光不足的照片调整成正常亮度。

【案例内容】：照片素材及调整正常亮度后的效果如图 4-90 所示。

扫一扫　　扫一扫

图 4-90 左图彩图　图 4-90 右图彩图

图 4-90 照片素材及调整正常亮度后的效果

【操作步骤】

1. 打开素材文件中"图库\第 04 章"目录下的"照片 03.jpg"文件。

2. 执行【图像】/【调整】/【色阶】命令（快捷键为 Ctrl+L 组合键），弹出【色阶】对话框，激活【设置白场】按钮 ✐，然后将鼠标指针移动到照片中最亮的颜色点位置单击选择参考色，鼠标指针放置的位置如图 4-91 所示。

3. 单击鼠标左键拾取参考色后，画面的显示效果如图 4-92 所示。

图 4-91　单击鼠标吸取参考色

图 4-92　拾取参考色后的照片显示效果

4. 在【色阶】对话框中调整【输入色阶】的参数，如图 4-93 所示。

5. 单击 确定 按钮，即可完成照片的处理，最终效果如图 4-94 所示。

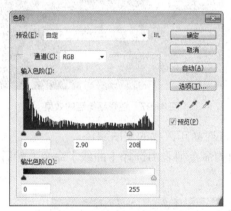

图 4-93　【色阶】对话框

图 4-94　处理完成的照片效果

6. 按 Shift+Ctrl+S 组合键，将调整后的照片命名为"曝光不足调整.jpg"另存。

4.3.5　矫正照片颜色

对人像的皮肤颜色进行调整，是图像处理工作中经常要做的工作，这需要读者掌握一定的调整技巧，且能够学会分析图像颜色的组成。

【案例目的】：把偏色的照片调整成正常色调。

【案例内容】：下面利用【色彩平衡】命令、【曲线】命令和【色相/饱和度】命令来对偏色的图片进行调整，调整前后的对比效果如图 4-95 所示。

扫一扫

扫一扫

图 4-95 左图彩图

图 4-95 右图彩图

图 4-95 照片素材及调整前后的对比效果

【操作步骤】

1. 打开素材文件中"图库\第 04 章"目录下的"照片 04.jpg"文件。

首先利用【色彩平衡】命令来矫正图像的整体色调。

2. 单击【图层】面板下方的 ◑. 按钮,在弹出的命令列表中选择【色彩平衡】命令,然后在【属性】面板中设置选项参数如图 4-96 所示,图像调整后的效果如图 4-97 所示。

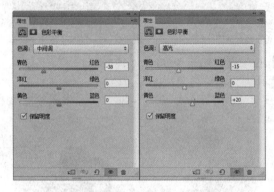

图 4-96 调整的【中间调】和【高光】参数

图 4-97 色彩平衡后的效果

接下来,利用【曲线】命令,来将画面调亮,同时矫正人物的皮肤颜色。

3. 单击【图层】面板下方的 ◑. 按钮,在弹出的命令列表中选择【曲线】命令,然后在【属性】面板中依次调整曲线的形态如图 4-98 所示。

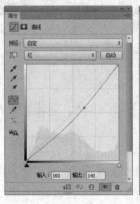

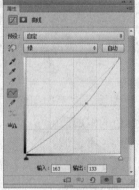

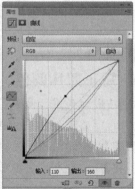

图 4-98 调整的曲线形态

图像调整亮度及矫正皮肤颜色后的效果如图 4-99 所示。

最后,利用【色相/饱和度】命令对图像的色相和饱和度稍微调整一下,使画面更柔和。

4. 单击【图层】面板下方的 按钮，在弹出的命令列表中选择【色相/饱和度】命令，然后在【属性】面板中设置【色相】和【饱和度】选项的参数，如图 4-100 所示。

图 4-99　调整亮度及皮肤颜色后的效果

图 4-100　设置的参数

5. 至此，图像调整完成，按 Shift+Ctrl+S 组合键，将此文件命名为 "矫正图像颜色.psd" 另存。

4.3.6　黑白照片彩色化

本例来学习一种非常简单的给黑白照片上色的方法。

【案例目的】：学习给黑白照片上色的方法。

【案例内容】：黑白照片及上色后的效果对比如图 4-101 所示。

扫一扫

图 4-101 右图彩图

图 4-101　黑白照片及上色前后的对比效果

【操作步骤】

1. 打开素材文件中 "图库\第 04 章" 目录下的 "照片 05.jpg" 和 "照片 06.jpg" 文件。其中黑白照片是需要上色的，彩色照片是作为上色时颜色参考用的。

2. 选取 工具，在彩色照片的人物脸部位置单击，如图 4-102 所示，将其设置为前景色，作为给黑白照片绘制皮肤的基本颜色。

3. 新建 "图层 1"，然后选取 工具，设置合适大小的画笔在皮肤位置绘制颜色，注意眼睛和嘴巴位置不要绘制，如图 4-103 所示。

图 4-102　拾取颜色的位置

4. 将 "图层 1" 的【图层混合模式】选项设置为 "颜色"，效果如图 4-104 所示。

图 4-103　绘制皮肤颜色

图 4-104　设置混合模式后的效果

5.　将前景色设置为紫红色（R:234,G:104,B:162），设置一个较小的画笔，并设置属性栏中的【不透明度】参数为"30%"。

6.　新建"图层 2"，设置【图层混合模式】为"颜色"，【不透明度】参数为"80%"，然后在眼皮位置润饰上颜色，如图 4-105 所示。

7.　将前景色设置为灰红色（R:195,G:105,B:110），给嘴唇绘制上口红颜色，再设置一个较大的画笔，在脸部、手部位置不同程度地润饰上一点红色，使其皮肤的红色出现少许的变化，效果如图 4-106 所示。

图 4-105　在眼皮位置润饰上颜色

图 4-106　润饰的颜色

8.　新建"图层 3"，依次将前景色设置为深红色（R:164）；黄色（R:255,G:240）和绿色（G:153,B:68），并利用 ✐ 工具在小女孩的帽子图形上绘制颜色，效果如图 4-107 所示。

9.　将"图层 3"的【图层混合模式】选项设置为"颜色"，效果如图 4-108 所示。

10.　新建"图层 4"，设置【图层混合模式】选项为"颜色"，然后利用 ✐ 工具在裙子位置绘制蓝色（R:120,G:166,B:207），制作牛仔裙效果，如图 4-109 所示。

图 4-107　绘制颜色

图 4-108　设置混合模式后的效果

图 4-109　绘制的牛仔裙效果

11.　将"背景"层设置为工作层，选取 ▦ 工具，并在属性栏中激活 ▣ 按钮，然后在灰色背景中单击，给背景添加选区，如图 4-110 所示。

12.　新建"图层 5"，设置【图层混合模式】为"颜色"，然后为选区填充紫红色

（R:174,G:93,B:161），并将图层的【不透明度】参数设置为"60%"，添加紫灰色背景后的效果如图4-111所示。

图4-110　添加的选区

图4-111　添加紫灰色背景后的效果

13. 选取 工具，设置合适的笔头大小后，将女孩身上的紫色擦除，得到如图4-112所示的效果。

14. 选取 工具，在属性栏中设置【不透明度】参数为"20%"，利用紫红色在肩膀两边的头发位置轻轻地绘制上淡淡的紫色，效果如图4-113所示。

图4-112　擦除后的效果

图4-113　涂抹头发后的效果

此时，将黑白照片进行彩色化处理就基本完成了，下面我们将整体画面进行提亮。

15. 按 Shift+Ctrl+Alt+E 组合键，复制所有图层并合并，得到"图层 6"，然后将【图层混合模式】选项设置为"滤色"，【不透明度】选项参数设置为"80%"，照片的整体亮度提高了，效果如图4-114所示。

16. 按 Ctrl+M 组合键，弹出【曲线】对话框，调整曲线的形态如图4-115所示，稍微降低一下照片的亮度。

图4-114　提亮后的画面效果

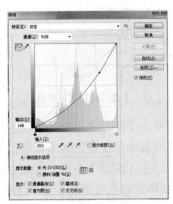

图4-115　调整的曲线形态

17. 单击 <u>确定</u> 按钮，即可完成照片的彩色化处理。然后按 Shift+Ctrl+S 组合键，将此文件命名为"黑白照片彩色化.psd"另存。

4.3.7 调整暖色调

扫一扫

下面来学习灵活运用【图像】/【调整】菜单下的命令来将图像调整为暖色调。

【案例目的】：通过案例，进一步学习调整层的灵活运用。

【案例内容】：原照片与处理后的效果对比如图 4-116 所示。

图 4-116 彩图

图 4-116　原照片与处理后的效果对比

【操作步骤】

1. 打开素材文件中"图库\第 04 章"目录下的"婚纱照.jpg"文件。

2. 单击【图层】面板中的 按钮，在弹出的菜单中选择【通道混合器】命令，在弹出的【调整】面板中设置各项参数，如图 4-117 所示。

3. 将【通道混合器】调整层的【图层混合模式】选项设置为"变亮"模式，更改混合模式后的图像效果如图 4-118 所示。

图 4-117　【通道混和器】参数　　　图 4-118　更改混合模式后的图像效果

4. 单击【图层】面板中的 按钮，在弹出的菜单中选择【可选颜色】命令，在弹出的【调整】面板中依次设置各项参数，如图 4-119 所示。

5. 单击【图层】面板中的 按钮，在弹出的菜单中选择【曲线】命令，在弹出的【调整】面板中调整曲线形态，如图 4-120 所示，图像效果如图 4-121 所示。

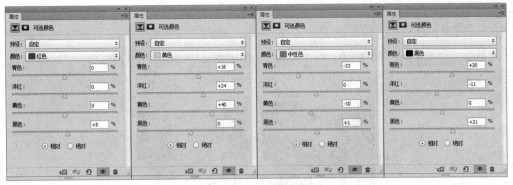

图 4-119　【调整】面板

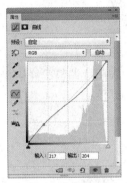

图 4-120　【调整】面板

图 4-121　调整后的图像效果

6. 单击【图层】面板中的 ● 按钮，在弹出的菜单中选择【亮度/对比度】命令，在弹出的【调整】面板中设置各项参数，如图 4-122 所示，图像效果如图 4-123 所示。

图 4-122　【调整】面板

图 4-123　调整后的图像效果

7. 利用 T 工具，依次输入深褐色（R:70）英文字母和文字，即可完成暖色调的调整。

4.4　小结

本章详细介绍了【裁剪】工具及菜单栏中的【图像】/【调整】命令，利用这些命令可以对图像或图像某一部分的颜色、亮度、饱和度及对比度等进行调整，使图像产生多种色彩上的变化。另外，在对图像的颜色进行调整时要注意选区的添加及【调整层】的运用。

4.5　课后练习

1. 灵活运用【图像】/【调整】/【黑白】命令将彩色照片转换为单色效果，原图片及转换后的效果如图 4-124 所示。用到的素材图片为"图库\第 04 章"目录下名为"人像01.jpg"的文件。

图 4-124　彩色照片及转换的单色效果

2. 主要利用【图像】/【调整】/【色相/饱和度】命令将偏灰照片调整成鲜艳靓丽的效果，原图片及调整后的效果如图 4-125 所示。用到的素材图片为"图库\第 04 章"目录下名为"人像 02.jpg"的文件。

图 4-125　图片素材及调整后的效果

3. 灵活运用【图像】/【调整】/【变化】命令将图像调整为单色调，然后设计出相册效果，素材图片及设计的相册效果如图 4-126 所示。用到的素材图片为"图库\第 04 章"目录下名为"婚纱照02.jpg"的文件。

图 4-126　素材图片及设计的相册效果

4. 灵活运用前面学过的命令及图层蒙版和剪贴蒙版进行相册画面的设计,效果如图 4-127 所示。用到的素材图片为"图库\第 04 章"目录下名为"油菜花.jpg""婚纱照 03.jpg""婚纱照 04.jpg"和"婚纱照 05.jpg"的文件。

图 4-127　设置的相册画面效果

第 5 章
文字应用广告设计

将文字以更加丰富多彩的形式表现，是设计领域非常重要的一个创作主题。在实际工作中，几乎每一幅作品都需要用文字来说明。Photoshop 具有强大的编辑功能，可以对文字进行多姿多彩的特效制作和样式编辑，使设计的作品更加生动有趣。本章就灵活运用文字工具来设计各种形式的广告画面，包括报纸广告、宣传海报、X 展架和易拉宝效果等。

5.1 文字工具

文字工具组中共有 4 种文字工具，包括【横排文字】工具 T、【直排文字】工具 IT、【横排文字蒙版】工具 T 和【直排文字蒙版】工具 IT。

利用文字工具可以在文件中输入点文字或段落文字。点文字适合在文字内容较少的画面中使用，例如标题或需要制作特殊效果的文字；当作品中需要输入大量的说明性文字内容时，利用段落文字输入就非常适合。以点文字输入的标题和以段落文字输入的内容如图 5-1 所示。

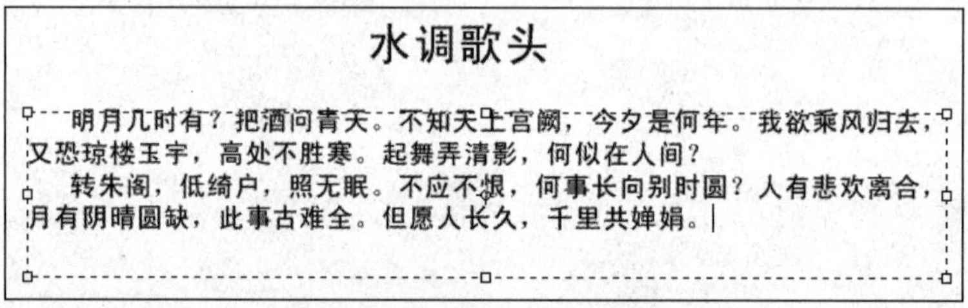

图 5-1 输入的文字

- 输入点文字：利用文字工具输入点文字时，每行文字都是独立的，行的长度随着文字的输入不断增加，无论输入多少文字都是在一行内，只有按 Enter 键才能切换到下一行输入文字。输入点文字的操作方法为，在文字工具组中选择 T 或 IT 工具，鼠标指针将显示为文字输入光标 I 或 ⊟ 形态，在文件中单击，指定输入文字的起点，然后在属性栏或【字符】面板中设置相应的文字选项，再输入需要的文字即可。按 Enter 键可使文字切换到下一行；单击属性栏中的 ✓ 按钮，可完成点文字的输入。

- 输入段落文字：在输入段落文字之前，先利用文字工具绘制一个矩形定界框，以限定段落文字的范围，在输入文字时，系统将根据定界框的宽度自动换行。输入段落文字的操作方法为，在文字工具组中选择 T 或 IT 工具，然后在文件中拖曳鼠标指针绘制一个定界框，并在属性栏、【字符】面板或【段落】面板中设置相应的选项，即可在定界框中输入需要的文字。文字输入到定界框的右侧时将自动切换到下一行。输入完一段文字后，按 Enter 键可以切换到下一段文字。如果输入的文字太多以致定界框中无法全部容纳，定界框右下角将出现溢出标记符号田，此时可以通过拖曳定界框四周的控制点，以调整定界框的大小来显示全部的文字内容。文字输入完成后，单击属性栏中的☑️按钮，即可完成段落文字的输入。

提示　　在绘制定界框之前，按住 Alt 键单击或拖曳鼠标指针，将会弹出【段落文字大小】对话框，在对话框中设置定界框的宽度和高度，然后单击 确定 按钮，可以按照指定的大小绘制定界框。

- 创建文字选区：使用【横排文字蒙版】工具 📝 和【直排文字蒙版】工具 📝 可以创建文字选区，文字选区具有与其他选区相同的性质。创建文字选区的操作方法为：选择图层，然后选择文字工具组中的 📝 或 📝 工具，并设置文字选项，再在文件中单击，此时会出现一个红色的蒙版，即可开始输入需要的文字，单击属性栏中的☑️按钮，即完成文字选区的创建。

5.1.1　属性栏

文字工具组中各文字工具的属性栏是相同的，如图 5-2 所示。

图 5-2　文字工具的属性栏

- 【更改文本方向】按钮 🔁：单击此按钮，可以将水平方向的文本更改为垂直方向，或者将垂直方向的文本更改为水平方向。
- 【设置字体系列】 Arial ▾：此下拉列表中的字体用于设置输入文字的字体，也可以将输入的文字选择后再在字体列表中重新设置字体。
- 【设置字体样式】 Regular ▾：在此下拉列表中可以设置文字的字体样式，包括 Regular（规则）、Italic（斜体）、Bold（粗体）和 Bold Italic（粗斜体）4 种。注意，当在字体列表中选择英文字体时，此列表中的选项才可用。
- 【设置字体大小】 🆃 24点 ▾：用于设置文字的大小。
- 【设置消除锯齿的方法】 犀利 ▾：决定文字边缘消除锯齿的方式，包括【无】、【锐利】、【犀利】、【浑厚】和【平滑】5 种方式。
- 【对齐方式】按钮：在使用【横排文字】工具输入水平文字时，对齐方式按钮显示为 ▤▤▤，分别为"左对齐""水平居中对齐"和"右对齐"；当使用【直排文字】工具输入垂直文字时，对齐方式按钮显示为 ▥▥▥，分别为"顶对齐""垂直居中对齐"和"底对齐"。
- 【设置文本颜色】色块 ■：单击此色块，在弹出的【拾色器】对话框中可以设置文字的颜色。
- 【创建文字变形】按钮 🔣：单击此按钮，将弹出【变形文字】对话框，用于设置文字的变形效果。
- 【取消所有当前编辑】按钮 🚫：单击此按钮，则取消文本的输入或编辑操作。
- 【提交所有当前编辑】按钮 ☑️：单击此按钮，确认文本的输入或编辑操作。

5.1.2 【字符】面板

执行【窗口】/【字符】命令，或单击文字工具属性栏中的▤按钮，都将弹出【字符】面板，如图 5-3 所示。

在【字符】面板中设置字体、字号、字体样式和颜色的方法与在属性栏中设置相同，在此不再赘述。下面介绍设置字间距、行间距和基线偏移等选项的功能。

图 5-3 【字符】面板

- 【设置行距】▤(自动)▤：设置文本中每行文字之间的距离。
- 【设置字距微调】▤0▤：设置相邻两个字符之间的距离。在设置此选项时不需要选择字符，只需在字符之间单击以指定插入点，然后设置相应的参数即可。
- 【设置字距】▤0▤：用于设置文本中相邻两个文字之间的距离。
- 【设置所选字符的比例间距】▤0%▤：设置所选字符的间距缩放比例。可以在此下拉列表中选择 0%～100%的缩放数值。
- 【垂直缩放】▤100%和【水平缩放】▤100%：设置文字在垂直方向和水平方向的缩放比例。
- 【基线偏移】▤0点▤：设置文字由基线位置向上或向下偏移的高度。在文本框中输入正值，可使横排文字向上偏移，直排文字向右偏移；输入负值，可使横排文字向下偏移，直排文字向左偏移，效果如图 5-4 所示。

图 5-4 文字偏移效果

- 【语言设置】：在此下拉列表中可选择不同国家的语言，主要包括美国、英国、法国及德国等。

【字符】面板中各按钮的含义分述如下，激活不同按钮时文字效果如图 5-5 所示。

I Miss You! 正常显示	I Miss You! 仿粗体	*I Miss You!* 仿斜体
I MISS YOU! 全部大写字母	I MISS YOU! 小型大写字母	I Miss Y^ou! 上标
I Miss Y_ou! 下标	I Miss You! 下划线	~~I Miss You!~~ 删除线

图 5-5 文字效果

- 【仿粗体】按钮▤：可以将当前选择的文字加粗显示。
- 【仿斜体】按钮▤：可以将当前选择的文字倾斜显示。
- 【全部大写字母】按钮▤：可以将当前选择的小写字母变为大写字母显示。

- 【小型大写字母】按钮 $\boxed{\text{T}_\text{T}}$：可以将当前选择的字母变为小型大写字母显示。
- 【上标】按钮 $\boxed{\text{T}}$：可以将当前选择的文字变为上标显示。
- 【下标】按钮 $\boxed{\text{T}_1}$：可以将当前选择的文字变为下标显示。
- 【下划线】按钮 $\boxed{\text{T}}$：可以在当前选择的文字下方添加下划线。
- 【删除线】按钮 $\boxed{\text{F}}$：可以在当前选择的文字中间添加删除线。

5.1.3 【段落】面板

【段落】面板的主要功能是设置文字对齐方式及缩进量。

当选择横向的文本时，【段落】面板如图 5-6 所示。

图 5-6 【段落】面板

- ▤ ▤ ▤ 按钮：这 3 个按钮的功能是设置横向文本的对齐方式，分别为左对齐、居中对齐和右对齐。
- ▤ ▤ ▤ ▤ 按钮：只有在图像文件中选择段落文本时这 4 个按钮才可用。它们的功能是调整段落中最后一行的对齐方式，分别为左对齐、居中对齐、右对齐和两端对齐。

当选择竖向的文本时，【段落】面板最上一行各按钮的功能分述如下。

- ▥ ▥ ▥ 按钮：这 3 个按钮的功能是设置竖向文本的对齐方式，分别为顶对齐、竖向居中对齐和底对齐。
- ▥ ▥ ▥ ▥ 按钮：只有在图像文件中选择段落文本时，这 4 个按钮才可用。它们的功能是调整段落中最后一列的对齐方式，分别为顶对齐、竖向居中对齐、底对齐和两端对齐。
- 【左缩进】 $\boxed{\text{0点}}$：用于设置段落左侧的缩进量。
- 【右缩进】 $\boxed{\text{0点}}$：用于设置段落右侧的缩进量。
- 【首行缩进】 $\boxed{\text{0点}}$：用于设置段落第一行的缩进量。
- 【段前添加空格】 $\boxed{\text{0点}}$：用于设置每段文本与前一段之间的距离。
- 【段后添加空格】 $\boxed{\text{0点}}$：用于设置每段文本与后一段之间的距离。
- 【避头尾法则设置】和【间距组合设置】：用于编排日语字符。
- 【连字】：勾选此复选框，允许使用连字符连接单词。

5.1.4 选择文字

在文字输入完成后若想更改个别文字的格式，必须先选择这些文字。选择文字的具体操作如下。

- 在要选择字符的起点位置按下鼠标左键，然后向前或向后拖曳鼠标。
- 在要选择字符的起点位置单击，然后按住 $\boxed{\text{Shift}}$ 键或 $\boxed{\text{Ctrl}}$+$\boxed{\text{Shift}}$ 组合键不放，再按键盘中的 $\boxed{\rightarrow}$ 或 $\boxed{\leftarrow}$ 键。
- 在要选择字符的起点位置单击，然后按住 $\boxed{\text{Shift}}$ 键并在选择字符的终点位置再次单击，可以选择某个范围内的全部字符。
- 选取【选择】/【全部】命令或按 $\boxed{\text{Ctrl}}$+$\boxed{\text{A}}$ 组合键，可选择该图层中的所有字符。
- 在文本中的任意位置双击鼠标，可以选择该位置的一句文字；快速地单击鼠标 3 次，可以选择整行文字；快速地单击鼠标 5 次，可以选择该图层中的所有字符。

5.1.5 调整段落文字

在编辑模式下，通过调整文字定界框可以调整段落文字的位置、大小和形态，具体操作为：按住 Ctrl 键并执行下列的某一种操作。

- 将鼠标指针移动到定界框内，当鼠标指针显示为 ▶ 移动符号时按住左键拖曳鼠标，可调整文字的位置。

- 将鼠标指针移动到定界框各角的控制点上，当鼠标指针显示为 ↖ 双向箭头时按住左键拖曳鼠标，可调整文字的大小，在不释放 Ctrl 键的同时再按住 Shift 键进行拖曳，可保持文字的缩放比例。

 在段落文字的编辑模式下，将鼠标指针放置在定界框任意的控制点上，当鼠标指针显示为双向箭头时按住左键拖曳鼠标，可直接调整定界框的大小，此时文字的大小不会发生变化，只会在调整后的定界框内重新排列。

直接缩放定界框及按住 Ctrl 键缩放定界框的段落文字效果分别如图 5-7 所示。

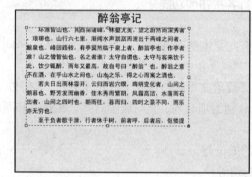

图 5-7 缩放前后的段落文字效果对比

- 将鼠标指针移动到定界框外的任意位置，当鼠标指针显示为 ↻ 旋转符号时按住左键拖曳鼠标，可以使文字旋转。在不释放 Ctrl 键的同时再按住 Shift 键进行拖曳，可将旋转限制为按 15° 角的增量进行调整，如图 5-8 所示。

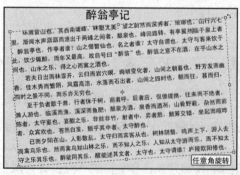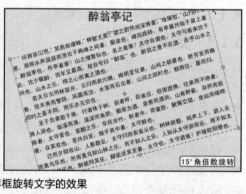

图 5-8 使用定界框旋转文字的效果

 在按住 Ctrl 键的同时将鼠标指针移动到定界框的中心位置，当鼠标指针显示为 ▸ 符号时按住左键拖曳鼠标，可调整旋转中心的位置。

- 按住 Ctrl 键将鼠标指针移动到定界框的任意控制点上，当鼠标指针显示为 ▶ 倾斜符号时按住左键拖曳鼠标，可以使文字倾斜，如图 5-9 所示。

图 5-9　使用定界框斜切文字的图示

提示　　　对文字进行变形操作除利用定界框外，还可利用【编辑】/【变换】菜单中的命令，但不能执行【扭曲】和【透视】变形，只有将文字层转换为普通层后才可用这两个命令。

5.2　房地产报纸广告设计

在实际工作过程中，设计各类报纸广告是平面设计者经常要做的工作。本例来为某房地产公司设计报纸广告。

【案例目的】：练习报纸广告的设计方法。在设计过程中，要求体现红色、开售时间及楼盘信息，并对样板房效果进行展示。目的是让购买者最大程度的了解相关内容。

【案例内容】：本节综合运用各种文字功能来设计"景山花园"的报纸广告，设计完成的报纸广告效果如图 5-10 所示。

【操作步骤】

1．新建一个【宽度】为"25 厘米"，【高度】为"17 厘米"，【分辨率】为"150 像素/英寸"，【颜色模式】为"RGB 颜色"，【背景内容】为白色的文件。

2．新建"图层 1"，然后将前景色设置为暗红色（R:180,B:5）。

图 5-10　设计完成的报纸广告

3．按 Ctrl+A 组合键，将画面全部选择，然后执行【编辑】/【描边】命令，在弹出的【描边】对话框中设置参数如图 5-11 所示。

4．单击 确定 按钮，描边后的效果如图 5-12 所示，然后按 Ctrl+D 组合键将选区去除。

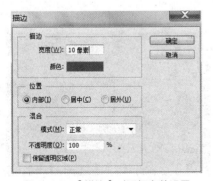

图 5-11　【描边】对话框参数设置

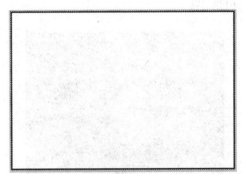

图 5-12　描边后的效果

5. 新建"图层 2",利用 工具绘制出如图 5-13 所示的矩形选区。

6. 利用 工具为选区由左至右填充从红色(R:230,B:18)到暗红色(R:165)的线性渐变色,效果如图 5-14 所示,然后将选区删除。

图 5-13　绘制的选区

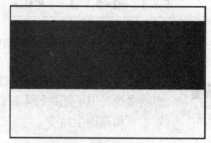

图 5-14　填充渐变色后的效果

7. 打开素材文件中"图库\第 05 章"目录下的"花纹.psd"文件,然后将"图层 1"中的花纹移动复制到新建文件中生成"图层 3"。

8. 按 Ctrl+T 组合键,为"图层 3"中的花纹图形添加自由变换框,并将其调整至如图 5-15 所示的形状,然后按 Enter 键确认图像的变换操作。

9. 将"图层 3"的图层混合模式设置为"点光",更改混合模式后的图像效果如图 5-16 所示。

图 5-15　调整后的图像形状

图 5-16　更改混合模式后的图像效果

10. 将"花纹.psd"文件中"图层 2"的花纹移动复制到新建文件中生成"图层 4"。

11. 按 Ctrl+T 组合键为"图层 4"中的花纹图形添加自由变换框,并将其调整至如图 5-17 所示的形状,然后按 Enter 键确认图像的变换操作。

12. 将"图层 4"的【图层混合模式】设置为"柔光",更改混合模式后的图像效果如图 5-18 所示。

图 5-17　调整后的图像形状

图 5-18　更改混合模式后的图像效果

13. 利用<u>T</u>工具输入如图 5-19 所示的白色文字。

14. 将鼠标指针放置到 "7" 字的左侧位置，按下鼠标左键并向右拖曳，将 "7" 字选中，如图 5-20 所示。

图 5-19　输入的文字

图 5-20　选择后的文字形状

15. 在属性栏中将数字 "7" 的字号调大，确认后，再利用<u>□</u>工具绘制出如图 5-21 所示的矩形选区，将 "月" 字选中。

16. 按<u>Ctrl</u>+<u>T</u>组合键为选择的 "月" 字添加自由变换框，并将其调整至如图 5-22 所示的形状，然后按<u>Enter</u>键确认文字的变换操作。

图 5-21　绘制的选区

图 5-22　调整后的文字形状

17. 用与步骤 15～步骤 16 相同的方法依次将文字 "传奇" 调整至如图 5-23 所示的形状。

18. 选择<u>□</u>工具，按住<u>Shift</u>键依次绘制出如图 5-24 所示的选区。

19. 按<u>Delete</u>键将选择的内容删除，效果如图 5-25 所示，然后将选区删除。

图 5-23　调整后的文字形状

图 5-24　绘制的选区

图 5-25　删除内容后的效果

20. 利用<u>∅</u>和<u>▷</u>工具绘制并调整出如图 5-26 所示的路径。

21. 按<u>Ctrl</u>+<u>Enter</u>组合键将路径转换为选区，并为选区填充上白色，效果如图 5-27 所示，然后将选区删除。

图 5-26　绘制的路径

图 5-27　填充颜色后的效果

22. 执行【图层】/【图层样式】/【混合选项】命令，在弹出的【图层样式】对话框中设置参数如图 5-28 所示。

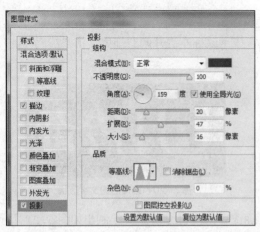 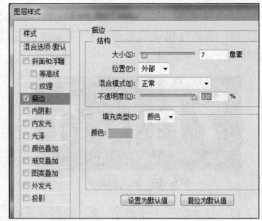

图 5-28 【图层样式】对话框参数设置

23. 单击 [　确定　] 按钮，添加图层样式后的文字效果如图 5-29 所示。

24. 打开素材文件中"图库\第 05 章"目录下的"客厅.jpg"文件，然后将其移动复制到新建文件中生成"图层 5"。

25. 按 [Ctrl]+[T] 组合键为"图层 5"中的图像添加自由变换框，并将其调整至如图 5-30 所示的形状，然后按 [Enter] 键确认图像的变换操作。

图 5-29 添加图层样式后的文字效果　　　　　　图 5-30 调整后的图片形状

26. 利用 工具绘制出如图 5-31 所示的选区。

27. 按 [Delete] 键将选择的内容删除，然后按 [Ctrl]+[D] 组合键将选区去除。

28. 打开素材文件中"图库\第 05 章"目录下的"卧室.jpg"文件，然后将其移动复制到新建文件中生成"图层 6"，并将其调整大小后放置到如图 5-32 所示的位置。

图 5-31 绘制的选区　　　　　　　　　　图 5-32 图片放置的位置

29. 按住 [Ctrl] 键，单击"图层 5"左侧的图层缩略图，载入其图像选区。

30. 确认"图层 6"为当前层，按 [Delete] 键删除选择的内容，效果如图 5-33 所示，再

146

将选区去除，然后将其水平向右移动一点位置，调整出如图 5-34 所示的效果。

图 5-33 删除后的效果

图 5-34 移动后的图片位置

31. 打开素材文件中"图库\第 05 章"目录下的"厨房.jpg"文件，然后将其移动复制到新建文件中生成"图层 7"，并将其调整大小后放置到如图 5-35 所示的位置。

32. 灵活运用 工具，制作出如图 5-36 所示的图像效果。

图 5-35 图片放置的位置

图 5-36 制作出的图像效果

33. 打开素材文件中"图库\第 05 章"目录下的"景山标志.psd"文件，然后将其移动复制到新建文件中生成"图层 8"，并将其调整大小后放置到画面的左上角位置，如图 5-37 所示。

34. 新建"图层 9"，利用 工具在标志图形的右侧位置绘制出如图 5-38 所示的暗红色（R:165）矩形。

图 5-37 标志图形放置的位置

图 5-38 绘制的矩形

35. 选择 T 工具，在画面中按下鼠标左键并拖曳，绘制出如图 5-39 所示的文字定界框，在定界框中输入如图 5-40 所示的文字。

图 5-39 绘制的文字定界框

开发商：青岛日成地产 项目地址：大学路与文化路交汇处（庆林小学北邻）
营销中心：大学路与文化路交汇处南50米 全程策划：青岛新世界

图 5-40 输入的文字

36. 利用 ✐ 和 ↖ 工具绘制并调整出如图 5-41 所示的路径。

37. 选择 🅣 工具，将鼠标指针移动到绘制路径的起点位置，当鼠标指针显示为如图 5-42 所示的形状时单击，确定文字的输入点。

图 5-41　绘制的路径　　　　　　　　　图 5-42　鼠标指针显示的形状

38. 在属性栏中设置合适的字体及字号，然后依次输入如图 5-43 所示的白色文字。

39. 继续利用 🅣 工具依次输入如图 5-44 所示的白色文字。

图 5-43　输入的文字　　　　　　　　　图 5-44　输入的文字

40. 将鼠标指针放置到"景"字的左侧位置，按下鼠标左键并向右拖曳，将"景山花园"文字选中，如图 5-45 所示。

41. 单击属性栏中的 ▢ 色块，在弹出的【选择文本颜色】对话框中设置颜色参数为深黄色（R:255,G:185,B:85）。

42. 单击 ▢ 确定 ▢ 按钮，再单击属性栏中的 ✓ 按钮确认文字的输入，如图 5-46 所示。

图 5-45　选择后的文字形状　　　　　　图 5-46　修改颜色后的文字效果

43. 利用 🅣 工具依次输入如图 5-47 所示的文字。

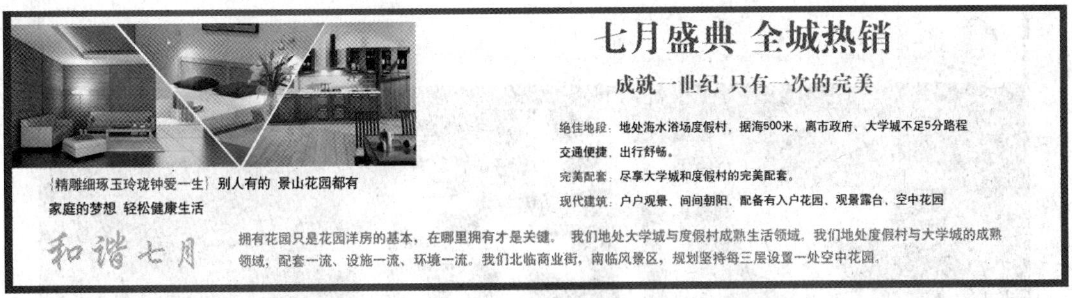

图 5-47　输入的文字

44. 将鼠标指针移动至"绝"字的左侧位置单击，插入文本输入光标，如图 5-48 所示。

将输入法设置为中文输入法，如万能五笔或搜狗拼音等。如果都没有，可切换到系统自带的智能 ABC。此处以作者使用的万能五笔为例。

45. 单击输入法 ⚡中 🌙 ✎ 🐶 🎹 ▾ 右侧的 🎹 按钮，此时工作界面中将弹出"PC 键盘"。

46. 在 🎹 按钮上单击鼠标右键，在弹出的列表中选择【特殊符号】命令，然后在弹出的相应键盘中单击如图 5-49 所示的符号。

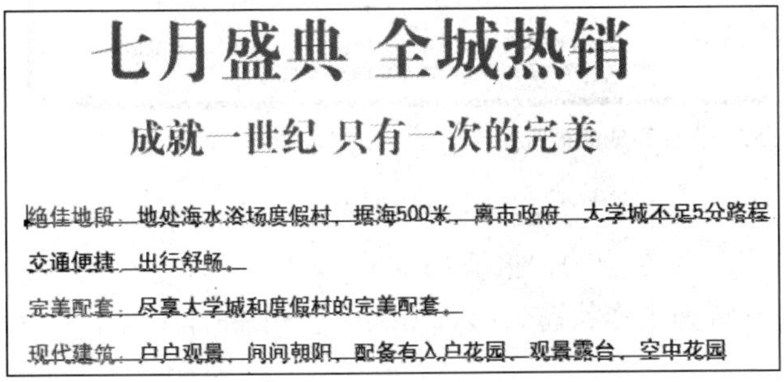

图 5-48　插入的文本输入光标

图 5-49　选择的特殊符号

输入的符号如图 5-50 所示。

47. 用与步骤 46 相同的方法依次为下面两行添加特殊符号，然后单击输入法右侧的 🎹 按钮，关闭 PC 键盘。

48. 新建"图层 11"，利用 🔲 工具绘制出如图 5-51 所示的灰色（R:202,G:202,B:202）矩形。

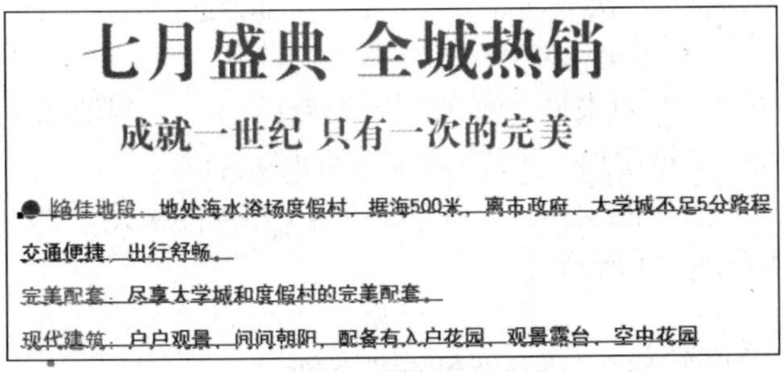

图 5-50　输入的特殊符号

图 5-51　绘制的矩形

至此，报纸广告设计完成，整体效果如图 5-52 所示。

图 5-52　设计完成的报纸广告

49. 按 Ctrl+S 组合键，将文件命名为"报纸广告设计.psd"保存。

50. 打开素材文件中"图库\第 05 章"目录下的"报纸 01.jpg"文件。

51. 将"报纸广告设计.psd"文件设置为工作状态，执行【图层】/【拼合图像】命令，将所有图层合并。

52. 将合并后的图像移动复制到"报纸 01.jpg"文件中，调整大小后放置到画面的下方位置，即可完成报纸广告的设计，效果如图 5-10 所示。

5.3 "仲夏之夜"音乐海报设计

除了报纸广告外，经常要设计的还有海报，每次活动或节日为了宣传都会进行海报设计。本例就来为某大型音乐会设计一幅海报。

【案例目的】：学习音乐海报的设计方法。相对来说，海报的设计相对简单，一般选择一幅与主题相符的背景，然后输入相关信息，或再添加一些装饰图案就可大功告成。

【案例内容】：本节主要运用文字工具结合【图层样式】命令及段落文字功能来设计"仲夏之夜"的音乐海报，设计完成的效果如图 5-53 所示。

【操作步骤】

1. 打开素材文件中"图库\第 05 章"目录下的"海报背景.psd"文件。

2. 新建"图层 1"，选取 ✎ 工具，并设置一个虚化的圆形笔头。

3. 将前景色设置为黑色，然后在画面的四周拖曳鼠标描绘如图 5-54 所示的黑色。

图 5-53　设计的音乐海报

图 5-54　描绘的黑色

4. 在【图层】面板中将"图层 1"的【混合模式】选项设置为 柔光 ，效果如图 5-55 所示。

5. 利用 T 工具输入如图 5-56 所示的文字，选用的【字体】为"华康布丁体 W12"。

图 5-55　设置混合模式后的效果

图 5-56　输入的文字

6. 执行【图层】/【图层样式】/【描边】命令，在弹出的【图层样式】对话框中将【颜色】设置为浅黄色（R:244,G:240,B:224），然后设置参数及【斜面和浮雕】、【渐变叠加】样式的参数，如图 5-57 所示。

7. 单击 确定 按钮，文字添加图层样式后的效果如图 5-58 所示。

8. 继续利用 T 工具在花环的右下方输入如图 5-59 所示的文字。

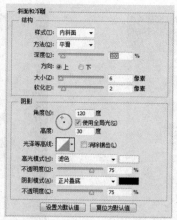
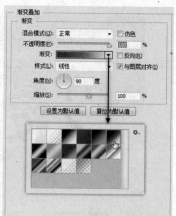

图 5-57 【图层样式】参数设置

图 5-58 添加图层样式后的文字效果

图 5-59 输入的文字

9. 将文字的颜色修改为白色，然后利用【图层样式】命令为其添加【描边】和【阴影】效果，参数设置如图 5-60 所示。

图 5-60 【描边】和【阴影】效果参数设置

10. 单击 确定 按钮，文字添加图层样式后的效果如图 5-61 所示。

11. 继续利用 T 工具，输入如图 5-62 所示的段落文字。

12. 打开素材文件中"图库\第 05 章"目录下的"架子鼓.psd"文件。

图 5-61 添加图层样式后的文字效果

13. 将"架子鼓"图像和移动复制到"海报背景"文件中，调整大小后放置到画面的右下角位置，然后为其添加【外发光】图层样式，效果如图 5-63 所示。

图 5-62　输入的段落文字

图 5-63　添加的架子鼓图片

14. 至此，音乐海报设计完成，整体效果如图 5-53 所示。

15. 按 Shift+Ctrl+S 组合键，将此文件另命名为"音乐海报.psd"保存。

5.4　"紫罗兰服饰" X 展架设计

X 展架又称易拉宝，是一种利用不同材料的支架撑起来的广告。本例就来对服饰广告的 X 展架进行设计。

【案例目的】：由于 X 展架比较适合摆放到展会现场或商场的进门位置，位置相对灵活，可以随时移动或收起来重复利用，所以是目前商业宣传活动中非常重要的一种广告形式，本节就来学习这种形式的广告设计方法。

【案例内容】：本例为紫罗兰服饰设计宣传用 X 展架，效果如图 5-64 所示。

【操作步骤】

1. 新建一个【宽度】为"60 厘米"，【高度】为"150 厘米"，【分辨率】为"72 像素/英寸"，【颜色模式】为"RGB 颜色"，【背景内容】为白色的文件。

图 5-64　X 展架效果

2. 新建"图层 1"，然后选取 工具，按住 Shift 键，为画面由上至下填充从深蓝色（R:87,G:30,B:136）到白色的线性渐变色。

3. 新建"图层 2"，利用 工具，在画面的右下角位置绘制出如图 5-65 所示的三角形选区，并为其填充上深蓝色（R:87,G:30,B:136），然后按 Ctrl+D 组合键，将选区去除，填充颜色后的效果如图 5-66 所示。

图 5-65　绘制的选区

图 5-66　填充颜色后的效果

4. 将"图层 2"复制生成为"图层 2 副本",将"图层 2"设置为工作层,然后将填充色修改为紫色（R:147,G:6,B:130）。

5. 按 Ctrl+T 组合键,将"图层 2"等比例放大,然后按 Enter 键,确认变换操作,放大后的图像形态如图 5-67 所示。

6. 打开素材文件中"图库\第 05 章"目录下的"花卉.psd"文件,将其移动复制到新建文件中生成"图层 3",调整大小后放置到画面的右上角位置,如图 5-68 所示。

图 5-67　调整后的图像形态

图 5-68　图片放置的位置

7. 将"图层 3"依次复制生成为"图层 3 副本"和"图层 3 副本 2",然后将复制出的花卉分别调整大小后放置到如图 5-69 所示的位置。

8. 打开素材文件中"图库\第 05 章"目录下的"服装模特.jpg"文件,如图 5-70 所示。

9. 在【图层】面板中的"背景"层上双击,在弹出的【新建图层】对话框中单击 确定 按钮,将"背景"层转换为"图层 0"。

10. 选取 工具,在属性栏中单击 按钮,设置【容差】参数为"30",然后在画面的背景中单击,将背景选取,如图 5-71 所示。

图 5-69　复制出的花卉

图 5-70　打开的图片

图 5-71　选取背景

11. 执行【选择】/【反向】命令,将选区反选,然后利用 工具将选取的人物复制到新建文件中,调整大小后放置到如图 5-72 所示位置。

12. 按住 Ctrl 键并单击"图层 4"的缩览图,给人物添加选区。

13. 单击【图层】面板下方的 按钮,在弹出的菜单中选取【色阶】命令,弹出【色阶】对话框,设置选项及参数如图 5-73 所示,调整色阶后的图像效果如图 5-74 所示。

图5-72 图片放置的位置　　图5-73 【色阶】参数设置　　图5-74 调整后的图像效果

14. 利用 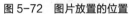 和 工具，绘制并调整出如图5-75所示的钢笔路径，然后按 Ctrl + Enter 组合键，将路径转换为选区。

15. 新建"图层5"，将其调整至"图层3"的下方位置，在选区内填充紫红色（R:196,G:2,B:100），然后将选区去除，填充颜色后的效果如图5-76所示。

图5-75 绘制出的路径　　　　　　　图5-76 填充颜色后的效果

16. 利用 工具，在画面中输入暗红色（R:196,G:2,B:100）英文"Designer"，利用【图层】/【图层样式】/【描边】命令添加白色的边，文字效果如图5-77所示。

17. 利用 工具，依次输入如图5-78所示的浅紫色（R:255G:184,B:255）文字。

18. 利用 和 工具，绘制并调整出如图5-79所示的曲线路径。

图5-77 输入的文字　　　　图5-78 输入的文字　　　　图5-79 绘制的路径

19. 选取 [T] 工具，在路径的上端单击插入光标，然后沿路径输入如图 5-80 所示的白色文字。

20. 执行【图层】/【图层样式】/【渐变叠加】命令，设置叠加颜色如图 5-81 所示，然后分别单击 [确定] 按钮。

图 5-80　输入的文字

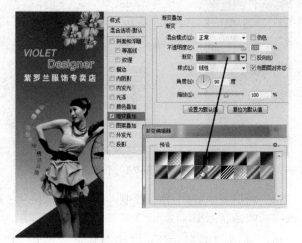

图 5-81　设置渐变叠加样式

21. 选取 [○] 工具，在属性栏中设置【羽化】参数为 "30 像素"，然后按住 [Shift] 键，绘制出如图 5-82 所示的圆形选区。

22. 新建 "图层 6"，为选区填充上白色，然后将选区去除，填充颜色效果如图 5-83 所示。

图 5-82　绘制的选区

图 5-83　填充颜色后的效果

23. 用相同的绘制方法，在画面中依次绘制出如图 5-84 所示不同大小的白色色点。

24. 按 [Ctrl]+[S] 组合键，将此文件命名为 "服饰画面.psd" 保存。

下面我们将设计的服饰画面制作成 X 展架效果。

25. 打开素材文件中 "图库\第 05 章" 目录下的 "X 展架.jpg" 文件。

26. 将 "服饰画面.psd" 文件设置为工作状态，然后按 [Alt]+[Shift]+[Ctrl]+[E] 组合键，将所有图层复制并合并为一个层。

27. 将合并后的图层移动复制到 "X 展架.jpg" 文件中，然后利用【自由变换】命令将其调整至如图 5-85 所示的形态。

28. 将 "图层 1" 复制为 "图层 1 副本" 层，并执行【编辑】/【变换】/【垂直翻转】命令。

29. 按 [Ctrl]+[T] 组合键，为复制出的图像添加自由变换框，然后将其向下移动位置，并按住 [Ctrl] 键，调整上方的两个节点，使其与原图像画面下方的两个节点对齐，效果如图 5-86

所示。

图 5-84　绘制的白色色点

图 5-85　X 展架立体效果

30. 按 Enter 键确认，单击【图层】面板下方的 ▣ 按钮，为"图层 1 副本"层添加图层蒙版，然后选取 ▣ 工具，并在【渐变样式】面板中选择"黑、白"渐变方式。

31. 将鼠标指针移动到服饰画面底部自上向下拖曳鼠标，释放鼠标后，即为图层蒙版添加了渐变色，生成的效果及【图层】面板如图 5-87 所示。

图 5-86　调整后的图形形态

图 5-87　制作的倒影效果

32. 至此，X 展架制作完成，按 Shift+Ctrl+S 组合键，将文件命名为"服饰 X 展架.psd"保存。

5.5　课堂实训

下面灵活运用本章所学的【文字】工具及前面的案例讲解，进行各种广告的设计，包括化妆品报纸广告设计、游乐园办卡海报及画展易拉宝设计。

5.5.1 化妆品广告

本例来学习化妆品广告的设计。

【案例目的】：通过本例的学习，读者可了解最常见的化妆品广告一般是由产品、人物、品牌标识和其他相关信息组成。在设计过程中，要安排好各部分之间的比例关系。

【案例内容】：本例首先对广告中选用的人物图像进行处理，然后设计出如图 5-88 所示的化妆品报纸广告。

【操作步骤】

1. 打开素材文件中"图库\第 05 章"目录下的"人物照片.jpg"文件，如图 5-89 所示。

图 5-88　设计的化妆品广告　　　　　　　　图 5-89　打开的人物图像

2. 利用 工具，将人物的嘴部区域放大显示。

3. 选取 工具，并设置其属性栏中的选项及参数，如图 5-90 所示。

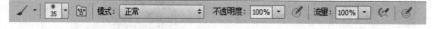

图 5-90　属性参数设置

4. 新建"图层 1"，将前景色设置为紫色（R:255,G:77,B:219），然后在人物嘴部进行绘画，如图 5-91 所示。

5. 将"图层 1"的【混合模式】选项设置为 颜色 ，【不透明度】选项设置为 30%，效果如图 5-92 所示。

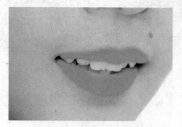
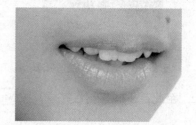

图 5-91　绘制出的效果　　　　　　　　图 5-92　更改不透明度后的效果

6. 新建"图层 2"，然后将画笔设置为较大的柔角画笔，再利用步骤 4～步骤 5 的方法为人物绘制如图 5-93 所示的腮红，【不透明度】选项设置为 15%。

7. 新建"图层 3"，并将前景色设置为蓝色（R:77,G:127,B:255），再用与步骤 4～步骤 5 同样的方法为人物添加蓝色的眼影，【不透明度】选项设置为 10%，效果如图 5-94 所示。

图 5-93　绘制出的腮红效果

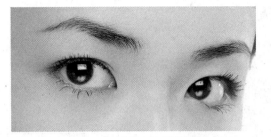

图 5-94　绘制出的眼影效果

接下来将人物嘴唇上方的黑痣及脖子上的纹理去除。

8．按 Shift+Ctrl+Alt+E 组合键，将当前显示图层中的图像通过复制并合并为"图层 4"。

9．选取 工具，设置一个合适大小的笔头后，将鼠标指针移动到如图 5-95 所示的黑痣位置单击，释放鼠标后，即可将黑痣去除，效果如图 5-96 所示。

图 5-95　鼠标指针单击的位置

图 5-96　去除黑痣后的效果

10．选取 工具，按住 Alt 键在如图 5-97 所示的平滑皮肤位置单击，吸取此处的图像效果。

11．在有纹理的皮肤位置拖曳鼠标，即可利用平滑的皮肤替换有纹理的皮肤，效果如图 5-98 所示。

12．依次拾取平滑皮肤，并对有纹理的区域进行修复，最终效果如图 5-99 所示。

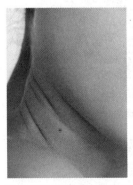

图 5-97　鼠标单击的位置

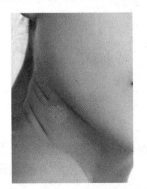

图 5-98　去除纹理效果

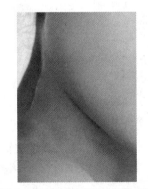

图 5-99　修复纹理后的图像效果

13．利用 工具，将修复后的脖子区域选择，如图 5-100 所示。

14．按 Shift+F6 组合键，弹出【羽化选区】对话框，设置选项参数如图 5-101 所示。

15．单击 确定 按钮，将选区羽化处理，然后利用【图像】/【调整】命令下的【曲线】和【色彩平衡】命令，将该区域图像颜色调亮，去除选区后的效果如图 5-102 所示。

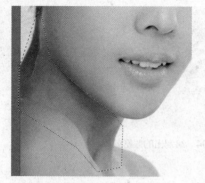

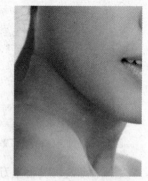

图 5-100　创建的选区　　　　图 5-101　【羽化选区】对话框　　　　图 5-102　提亮后的图像效果

16. 至此，人物图像处理完毕，按 Shift+Ctrl+S 组合键，将文件另命名为"人像处理.psd"保存。

17. 打开素材文件中"图库\第 05 章"目录下的"水纹.jpg"文件。

18. 将处理后的人像图像移动复制到"水纹"文件中，调整大小后放置到画面的左侧位置。

19. 利用 工具将人物图像上的白色区域选择，并按 Delete 键删除。

20. 按住 Ctrl 键，单击"图层 1"，添人物图像的选区。

21. 单击【图层】面板下方的 按钮，在弹出的列表中选择【曲线】命令，然后设置曲线的形态如图 5-103 所示，效果及【图层】面板如图 5-104 所示。

22. 打开素材文件中"图库\第 05 章"目录下的"化妆组合.psd"文件，然后将其移动复制到"水纹"文件中。

23. 利用【色相/饱和度】调整层，对化妆品的色调进行调整。

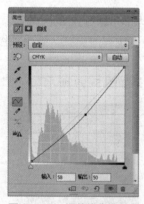

图 5-103　调整的曲线形态　　　　　　图 5-104　图像调亮后的效果

24. 利用 T 工具依次输入品牌标识及相关信息文字，即可完成化妆品广告的设计。

25. 按 Shift+Ctrl+S 组合键，将文件命名为"化妆品报纸广告.psd"保存。

5.5.2　设计游乐园办卡海报

本例来学习游乐园学生卡的海报广告设计。

【案例目的】：现在的旅游景点和游乐场所越来越多，为了吸引更多的游客，大多公司都会进行年卡的销售。本例就为学习这种广告宣传的海报设计方法。

【案例内容】：本例首先利用文字的转换功能来制作连体字效果，然后设计出如图 5-105

所示的海报效果。

图 5-105　设计的海报效果

【操作步骤】

首先来制作连体效果字。

1. 按 Ctrl+N 组合键，在弹出的【新建】对话框中创建【宽度】为 "15 厘米"，【高度】为 "6 厘米"，【分辨率】为 "180 像素/英寸"，【颜色模式】为 "RGB 颜色"，【背景内容】为 "白色" 的新文件。

2. 将工具箱中的前景色设置为灰红色（R:225,G:190,B:170），按 Alt+Delete 组合键，为新建文件的 "背景" 层填充前景色。

3. 将工具箱中的前景色设置为黑色，然后利用 T 工具输入如图 5-106 所示的黑色文字。

4. 执行【文字】/【创建工作路径】命令，沿文字边缘创建工作路径，然后将鼠标指针放置到【图层】面板中的文字层上按下并向下拖曳至 🗑 按钮处，将文字层删除，效果如图 5-107 所示。

提示　　此处不能直接按 Delete 键删除，如按 Delete 键会将刚转换的工作路径删除，希望读者注意。

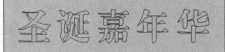

图 5-106　输入的文字　　　　　　　　　图 5-107　转换的工作路径

5. 单击工具箱中的 按钮，在如图 5-108 所示的锚点处单击鼠标左键，将其选择，按住 Ctrl 键，将选择的锚点移动到如图 5-109 所示的位置。

图 5-108　选择的锚点　　　　　　　　　图 5-109　移动后的锚点位置

6. 选择工具箱中的【删除锚点】工具 ，在如图 5-110 所示的锚点处单击鼠标左键，将其删除，删除锚点后的路径形态如图 5-111 所示。

图 5-110　鼠标指针放置的位置　　　　　　图 5-111　删除锚点后的路径形态

7. 单击 按钮，通过调整控制柄的长度和斜率，并结合 Ctrl 键调整锚点的位置，将路径调整至如图 5-112 所示的形态。

8. 用与步骤 5～步骤 7 相同的方法，依次将画面中的路径进行调整，调整后的路径形态如图 5-113 所示。

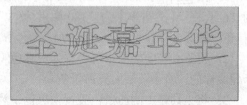

图 5-112　调整后的路径形态　　　　　　　图 5-113　调整后的路径形态

9. 选择工具箱中的【路径选择】工具 ，按住 Shift 键，依次将"圣"字形状的钢笔路径选中，如图 5-114 所示。

10. 按 Ctrl+X 组合键，将选择的钢笔路径剪切至剪贴板中，再单击【路径】面板下方的【创建新路径】按钮 ，新建一路径层"路径 1"，然后按 Ctrl+V 组合键，将剪贴板中的钢笔路径粘贴至"路径 1"中，如图 5-115 所示。

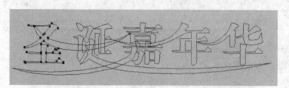

图 5-114　选择的钢笔路径　　　　　　　　图 5-115　粘贴入的钢笔路径

11. 在【路径】面板中将"工作路径"设置为当前工作状态，利用 按钮，按住 Shift 键，依次将"诞"字形状的钢笔路径选择，如图 5-116 所示。

12. 按 Ctrl+X 组合键，将选择的路径剪切至剪贴板中，然后在【路径】面板中新建"路径 2"，并按 Ctrl+V 组合键，将剪贴板中的路径粘贴至"路径 2"中，如图 5-117 所示。

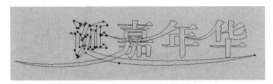

图 5-116 选择的钢笔路径

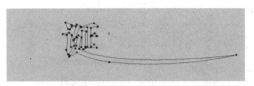

图 5-117 粘贴入的钢笔路径

13. 用与步骤 11～步骤 12 相同的方法，依次将"嘉、年、华"形状的钢笔路径选择并剪切，然后粘贴至不同的路径层中。

14. 按住 Ctrl 键单击【路径】面板中的"路径 1"，为其添加选区，然后在【图层】面板中新建"图层 1"。

15. 将工具箱中的前景色设置为黑色，按 Alt+Delete 组合键，为"图层 1"中的选区填充前景色，填充后画面效果如图 5-118 所示。

16. 用与步骤 14～步骤 15 相同的方法，依次将各路径转换为选区，然后为其填充上黑色，填充后的画面效果如图 5-119 所示。

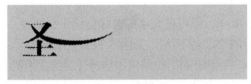

图 5-118 填充颜色后的画面效果

图 5-119 填充颜色后的画面效果

17. 执行【图层】/【图层样式】/【混合选项】命令，弹出【图层样式】对话框，设置各选项及参数如图 5-120 所示。

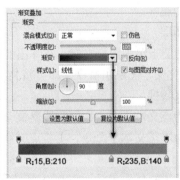

图 5-120 设置的图层样式参数

18. 单击 确定 按钮，添加图层样式后的文字效果如图 5-121 所示。

19. 利用 ∅ 和 ▷ 工具，在画面中绘制并调整出如图 5-122 所示的钢笔路径，按 Ctrl+Enter 组合键，将路径转换为选区。

图 5-121 添加图层样式后的文字效果

20. 在【图层】面板中新建"图层 2"，然后为选区填充红色（R:255,G:0,B:0）。

21. 按住 Shift+Alt 组合键，向下移动复制一个红色图形，然后将其颜色修改为白色，再利用【自由变换】命令将其调整至如图 5-123 所示的形态。

图 5-122　绘制并调整出的钢笔路径

图 5-123　复制出的图形

22. 按 Ctrl+D 组合键，去除选区，然后利用【图层样式】/【投影】命令，为"图层 2"中的内容添加默认设置的投影样式。

23. 按 Ctrl+S 组合键，将此文件命名为"连体艺术字效果.psd"进行保存。

 知识链接

在 Photoshop 中，可以将输入的文字转换成工作路径和形状进行编辑，也可以将它进行栅格化处理。另外，还可以将输入的点文字与段落文字进行互换。

一、将文字转换为工作路径

输入文字后，执行【文字】/【创建工作路径】命令，即可在文字的边缘创建工作路径。另外，当输入文字后，按住 Ctrl 键单击【图层】面板中的文字图层，为输入的文字添加选区。然后打开【路径】面板，单击面板右上角的 按钮，在弹出的下拉菜单中选择【建立工作路径】命令，在弹出的【建立工作路径】对话框中设置适当的【容差】值参数，然后单击 确定 按钮，也可将文字转换为工作路径。

二、将文字转换为形状

输入文字后，执行【文字】/【转换为形状】命令，即可将文字转换为形状图形，此时文字将变为图像，不再具有文字的属性。

三、将文字层转换为普通图层

在【图层】面板中的文字图层上单击鼠标右键，在弹出的快捷菜单中选择【栅格化图层】命令，或执行【文字】/【栅格化文字图层】命令，即可将文字层转换为普通图层。

四、点文字与段落文字相互转换

● 执行【文字】/【转换为点文本】命令，可将段落文字转换为点文字。

● 执行【文字】/【转换为段落文本】命令，可将点文字转换为段落文字。

接下来设计海报效果。

24. 新建文件，填充渐变背景，然后灵活运用 工具依次绘制如图 5-124 所示的图形。

25. 打开素材文件中"图库\第 05 章"目录下的"照片.jpg"文件，然后将其移动复制新建的文件中，调整图层顺序后，将其调整至如图 5-125 所示的大小及位置。

26. 按 Enter 键确认图像的大小调整，然后单击 按钮为"图层 4"添加图层蒙版，利用 工具在图像的上方描绘黑色，使照片上方与背景层的渐变效果更好地融合，编辑蒙版后的效果及【图层】面板如图 5-126 所示。

图 5-124　渐变背景及绘制的图形

图 5-125　照片调整后的大小及位置

27. 单击【图层】面板下方的 按钮，在弹出的列表中选择【亮度/对比度】命令，然后将【亮度】选项参数设置为"55"。

28. 打开素材文件中"图库\第 05 章"目录下的"游乐园海报素材.psd"文件，然后分别选择各层图像将其移动复制到新建的文件中，调整后的效果如图 5-127所示。

29. 灵活运用 T. 工具，依次添加如图 5-128 所示的文字效果。

图 5-126　编辑蒙版后的效果及【图层】面板

图 5-127　添加的素材

图 5-128　输入的文字

30. 打开前面制作的 "连体艺术字效果.psd" 文件，将其选择后移动到画面的左上方位置。

31. 打开素材文件中 "图库\第 05 章" 目录下的 "二维码.jpg" 文件，将其移动复制到新建的文件中，调整大小及位置后，即可完成海报的设计。

32. 按 [Ctrl]+[S] 组合键，将此文件命名为 "游乐园海报.psd" 保存。

5.5.3 易拉宝广告设计

【案例目的】：本例再来学习一种宣传油画展的易拉宝广告效果。此类展架一般放置于展厅内，在设计时要将主题图片和文字尽可能放大，以吸引人们的注意。

【案例内容】：新建文件并输入主题文字，然后将文字栅格化并对字形进行修改，再利用剪贴蒙版制作图案字效果，最后依次输入其他文字即可完成展架画面的设计，另外，利用【自由变换】命令将画面制作为实体效果，如图 5-129 所示。

扫一扫

图 5-129 彩图

图 5-129 制作的易拉宝效果

【操作步骤】

1. 新建一个【宽度】为 "12 厘米"，【高度】为 "20 厘米"，【分辨率】为 "120 像素/英寸"，【颜色模式】为 "RGB 颜色"，【背景内容】为 "白色" 的文件，然后为 "背景" 层填充上黄灰色（R:255,G:235,B:210）。

提示

在实际的作图过程中，读者一定要按照要求的尺寸创建文件大小，此处只是用于练习，为了提高机器的运行速度，所以创建了一个小尺寸的文件。

2. 将前景色设置为深红色（R:160,G:35,B:45），然后利用 [T] 工具输入如图 5-130 所示的文字。

3. 执行【图层】/【栅格化】/【文字】命令，将文字层转换为普通层，然后利用 工具，在如图 5-131 所示的位置绘制矩形选区将笔划选择。

4. 按 [Delete] 键，将选区中的笔划删除，然后再绘制出如图 5-132 所示的矩形选区，并为其填充深红色。

5. 利用 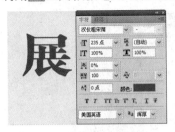工具根据笔画绘制出如图 5-133 所示的选区,然后填充深红色。

图 5-130　输入的文字

图 5-131　绘制的矩形选区

图 5-132　绘制的矩形选区

图 5-133　绘制的选区

6. 继续利用 工具,绘制出如图 5-134 所示的选区,然后为其填充深红色,再按 Ctrl+D 组合键,去除选区。

7. 打开素材文件中"图库\第 05 章"目录下的"油画.jpg"文件,然后将其移动复制到新建的文件中,并调整至如图 5-135 所示的大小及位置,将"展"字覆盖即可。

图 5-134　绘制的选区

图 5-135　图片调整的大小及位置

8. 按 Enter 键确认,然后执行【图层】/【创建剪贴蒙版】命令,将画面根据下方"展"字的区域显示,效果及【图层】面板如图 5-136 所示。

图 5-136　创建剪贴蒙版后的效果及【图层】面板

9. 选取 T. 工具，在"展"字的上方再输入如图 5-137 所示的文字。

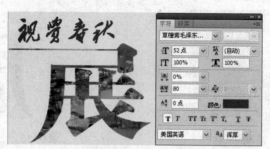

图 5-137 输入的文字

10. 继续利用 T. 工具，输入如图 5-138 所示的文字，然后利用 □ 工具在新建的图层中，依次绘制出如图 5-139 所示的灰色（R:190,G:185,B:175）线形。

图 5-138 输入的文字

图 5-139 绘制的线形

11. 继续利用 □ 工具在新建的图层中，依次绘制出如图 5-140 所示的深红色（R:160,G:35,B:45）矩形图形。

12. 选取 T. 工具，在"展"字的下方依次输入如图 5-141 所示的黑色文字，即可完成画展海报的设计。

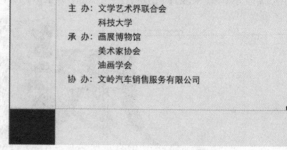

图 5-140 绘制的图形

图 5-141 输入的文字

13. 按 Ctrl+S 组合键，将此文件命名为"画展海报.psd"保存。

14. 打开素材文件中"图库\第 05 章"目录下的"易拉宝架.jpg"文件，然后把设计的"画展海报"画面合成到展架画面中制作出如图 5-129 所示的立体效果。

15. 按 Shift+Ctrl+S 组合键，将文件命名为"画展易拉宝.psd"保存。

5.6　小结

本章主要介绍了各类广告的设计。在实际工作过程中，设计最大的一项工作是选取需要的图片和能突出要设计主题的背景。当然这些也可以自己制作，但会加重工作量，因此，如果能在素材里找到合适的图片，就可在其基础上添加自己的内容，制作出属于自己的作品，这样会大大提高工作效率。

5.7　课后练习

1. 灵活运用【图层】及文字工具，设计出如图 5-142 所示的报纸效果。用到的素材图片为"图库\第 05 章"目录下名为"海浪.jpg""木栈道.psd""汽车.psd""汽车标志.psd""艺术字.jpg""二维码.jpg"和"报纸 02.jpg"的文件。

图 5-142　设计的报纸广告

2. 根据对本章内容的学习，读者自己动手来设计如图 5-143 所示的海报及易拉宝效果。用到的素材图片为"图库\第 05 章"目录下名为"蛋糕.jpg""蛋糕 01.jpg""草莓和香瓜.psd""水果.psd"和"易拉宝.jpg"的文件。

图 5-143 设计的海报及易拉宝效果

3. 灵活运用文字的输入与编辑操作，设计出如图 5-144 所示的商场促销报纸广告。用到的素材图片为"图库\第 05 章"目录下名为"素材.psd""素材 01.psd"和"礼品.psd"的文件。

图 5-144 制作的商场促销广告

4. 综合运用本章学习的【文字】工具设计出如图 5–145 所示的电子杂志。用到的素材图片为"图库\第 05 章"目录下名为"口红.psd""化妆品.psd""模特 01.jpg""模特 02.jpg"和"模特 03.jpg"的文件。

图 5-145　设计的电子杂志

第 6 章
特效应用制作电影海报

本章以制作电影海报为例，详细介绍【滤镜】命令的使用方法。通过本章的学习，读者可以了解各种【滤镜】命令的功能、产生的不同特效及电影海报的设计方法。本章制作的特效包括发射光线效果、爆炸效果、火焰效果和星空效果等。

6.1 滤镜命令

选择菜单栏中的【滤镜】命令，弹出【滤镜】菜单如图 6-1 所示。

图 6-1 【滤镜】菜单

- 【上次滤镜操作】命令：默认情况下显示为灰色，当执行任意【滤镜】命令后，此处将显示刚才执行的滤镜命令名称，选择该命令，可使图像重复执行上一次所使用的滤镜。
- 【转换为智能滤镜】命令：可将当前对象转换为智能对象。当将图像转换为智能对象后，在使用滤镜时原图像将不会被破坏。智能滤镜作为图层效果存储在【图层】面板中，并可以随时重新调整这些滤镜的参数。
- 【滤镜库】命令：可以累积应用滤镜，并多次应用单个滤镜。还可以重新排列滤镜并更改已应用每个滤镜的设置等，以便实现所需的效果。
- 【自适应广角】命令：对于摄影师及喜欢拍照的摄影爱好者来说，拍摄风景或者建筑物时必然要使用广角镜头进行拍摄。但广角镜头拍摄的照片，都会有镜头畸变的情况，让照片边角位置出现弯曲变形。而该命令可以对镜头产生的畸变进行处理，得到一张完全没有畸变的照片。
- 【镜头校正】命令：该命令可以根据各种相机与镜头的测量自动校正，轻易消除桶状和枕状变形、相片周边暗角，以及造成边缘出现彩色光晕的色相差。
- 【液化】命令：使用此命令，可以使图像产生各种各样的图像扭曲变形效果。
- 【油画】命令：使用此命令，可以将图像快速处理成油画效果。
- 【消失点】命令：可以在打开的【消失点】对话框中通过绘制的透视线框来仿制、绘制和粘贴与选定图像周围区域相类似的元素进行自动匹配。
- 【风格化】命令：可以使图像产生各种印象派及其他风格的画面效果。

- 【画笔描边】命令：在图像中增加颗粒、杂色或纹理，从而使图像产生多样的艺术画笔绘画效果。
- 【模糊】命令：可以使图像产生模糊效果。
- 【扭曲】命令：可以使图像产生多种样式的扭曲变形效果。
- 【锐化】命令：将图像中相邻像素点之间的对比增加，使图像更加清晰化。
- 【视频】命令：该命令是 Photoshop 的外部接口命令，用于从摄像机输入图像或将图像输出。
- 【素描】命令：可以使用前景色和背景色置换图像中的色彩，从而生成一种精确的图像艺术效果。
- 【纹理】命令：可以使图像产生多种多样的特殊纹理及材质效果。
- 【像素化】命令：可以使图像产生分块，呈现出由单元格组成的效果。
- 【渲染】命令：使用此命令，可以改变图像的光感效果。例如，可以模拟在图像场景中放置不同的灯光，产生不同的光源效果、夜景等。
- 【艺术效果】命令：可以使 RGB 模式的图像产生多种不同风格的艺术效果。
- 【杂色】命令：可以使图像按照一定的方式混合入杂点，制作着色像素图案的纹理。
- 【其它】命令：使用此命令，读者可以设定和创建自己需要的特殊效果滤镜。
- 【Digimarc】（作品保护）命令：将自己的作品加上标记，对作品进行保护。
- 【浏览联机滤镜】命令：使用此命令可以到网上浏览外挂滤镜。

6.2 制作发射光线效果

【案例目的】：在许多特效中，发射光线效果是比较常见的，本例就来学习一种制作发射光线效果的方法。

【案例内容】：下面利用通道并结合【径向模糊】滤镜命令来制作如图 6-2 所示的发射光线效果。

【操作步骤】

1. 新建一个【宽度】为"12 厘米"、【高度】为"16 厘米"、【分辨率】为"200 像素/英寸"、【颜色模式】为"RGB 颜色"、【背景内容】为黑色的文件。
2. 执行【窗口】/【通道】命令，将【通道】面板显示在工作区中。
3. 单击【通道】面板底部的 按钮，新建一个通道"Alpha 1"。
4. 利用 工具在通道中绘制出如图 6-3 所示的不规则白色线条，注意笔头大小的设置。

图 6-2　制作的发射光线效果

图 6-3　绘制的不规则线条

提示

在绘制线条时，只要使它们能均匀地布满整个画面即可，对于线条的形状没有特定的要求。绘制线条的数量，决定在下一步操作时画面中生成光线的数量。

174

5. 执行【滤镜】/【扭曲】/【波纹】命令，弹出【波纹】对话框，设置参数如图 6-4 所示。

6. 单击 确定 按钮，效果如图 6-5 所示。

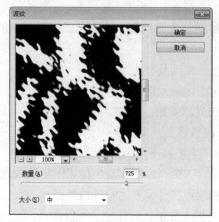

图 6-4 【波纹】对话框

图 6-5 执行【波纹】命令后的效果

7. 执行【滤镜】/【模糊】/【径向模糊】命令，弹出【径向模糊】对话框，设置参数如图 6-6 所示。

8. 单击 确定 按钮，效果如图 6-7 所示。

图 6-6 【径向模糊】对话框

图 6-7 执行【径向模糊】命令后的效果

9. 按 Ctrl+F 组合键，重复执行【径向模糊】命令，生成的画面效果如图 6-8 所示。

10. 单击【通道】面板底部的 ░ 按钮，将"Alpha 1"通道作为选区载入，载入的选区如图 6-9 所示。

11. 在【图层】面板中新建"图层 1"，然后为载入的选区填充黄色（Y:100），去除选区后的效果如图 6-10 所示。

图 6-8　重复执行模糊命令后的效果　　　　图 6-9　载入的选区　　　　图 6-10　填充颜色后的光线效果

12. 按 Ctrl+S 组合键，将此文件命名为"发射光线效果.psd"保存。

6.3　合成石墙中的狮子

在设计电影海报之前，我们首先来合成海报中的主要画面。

【案例目的】：在实际操作过程中，很多图片都需要进行合成，而利用图层蒙版是最快捷、最方便的方法。本节就来学习利用图层蒙版合成图像的方法。

【案例内容】：综合运用图层及图层蒙版来合成石墙中的狮子效果，原素材图片及合成后的效果如图 6-11 所示。

图 6-11　素材图片及合成后的效果

【操作步骤】

1. 新建一个【宽度】为"16 厘米"，【高度】为"10 厘米"，【分辨率】为"300 像素/英寸"，【颜色模式】为"RGB 颜色"，【背景内容】为黑色的文件。

2. 打开素材文件中"图库\第 06 章"目录下的"石墙.psd"文件，并将其移动复制到新建文件中生成"图层 1"。

3. 按 Ctrl+T 组合键，为新复制的图片添加自由变换框，并按住 Ctrl 键，将其调整至如图 6-12 所示的形态，然后按 Enter 键，确认图像的变换操作。

4. 按 Ctrl+L 组合键，在弹出的【色阶】对话框中设置参数，如图 6-13 所示。

图 6-12　调整后的图像形态

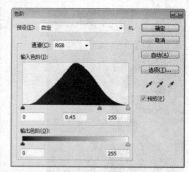

图 6-13　【色阶】对话框

5. 单击 确定 按钮，调整后的图像效果如图 6-14 所示。

6. 新建"图层 2"，利用 工具为其由上至下填充从黑色到透明的线性渐变色，然后利用 工具，对填充的颜色进行擦除，效果如图 6-15 所示。

图 6-14　调整后的图像效果

图 6-15　擦除后的效果

7. 打开素材文件中"图库\第 06 章"目录下的"干涸的土地.jpg"文件，并将其移动复制到新建文件中生成"图层 3"。

8. 按 Ctrl+T 组合键，为新复制的图片添加自由变换框，并按住 Ctrl 键，将其调整至如图 6-16 所示的形态，然后按 Enter 键，确认图像的变换操作。

图 6-16　调整后的图像形态

9. 按 Ctrl+L 组合键，在弹出的【色阶】对话框中设置参数，如图 6-17 所示。

10. 单击 确定 按钮，调整后的图像效果如图 6-18 所示。

11. 打开素材文件中"图库\第 06 章"目录下的"狮子.jpg"文件，并将其移动复制到新建文件中生成"图层 4"，并将其调整至"图层 1"的下方位置。

12. 按 Ctrl+T 组合键，为新复制的图片添加自由变换框，并按住 Ctrl 键，将其调整至如图 6-19 所示的形态，然后按 Enter 键，确认图像的变换操作。

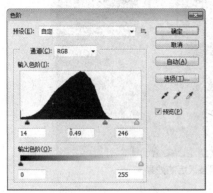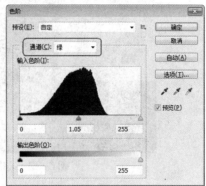

图 6-17 【色阶】对话框

图 6-18 调整后的图像效果　　　　　　　　图 6-19 调整后的图像形态

13. 按 Ctrl+L 组合键，在弹出的【色阶】对话框中设置参数如图 6-20 所示，然后单击 确定 按钮，调整后的图像效果如图 6-21 所示。

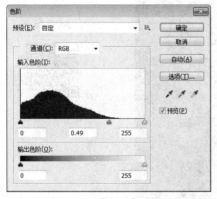

图 6-20 【色阶】对话框　　　　　　　　图 6-21 调整后的图像效果

14. 将"图层 1"设置为当前层，单击【图层】面板下方的 按钮，为其添加图层蒙版，然后利用 工具，在画面中喷绘黑色编辑蒙版，效果如图 6-22 所示。

图 6-22　编辑蒙版后的效果

15. 按 Ctrl+S 组合键，将文件命名为"石墙中的狮子.psd"保存。

6.4　设计电影海报

【案例目的】：通过本例的学习，读者能掌握制作电影海报的方法。

【案例内容】：在设计海报过程中，除运用图层蒙版外，还将灵活运用【图层混合模式】选项和部分【滤镜】命令。设计的电影海报效果如图 6-23 所示。

图 6-23　设计的电影海报

扫一扫

图 6-23 彩图

【操作步骤】

首先来合成电影海报的背景。

1. 打开素材文件中"图库\第 06 章"目录下的"纹理.jpg"文件，如图 6-24 所示。

2. 将第 6.3 节保存的"石墙中的狮子.psd"文件打开，然后执行【图层】/【拼合图像】

命令，将所有图层合并。

　　3. 将合并后的图像移动复制到"纹理.jpg"文件中，并利用【自由变换】命令调整至如图 6-25 所示的形态及位置。

图 6-24　打开的图片

图 6-25　图片调整后的形态及位置

　　4. 将生成"图层 1"的【混合模式】选项设置为"强光"，然后单击下方的 □ 按钮，并利用 ✐ 工具在图像上方描绘黑色，效果如图 6-26 所示。

　　5. 新建"图层 2"，并为其填充深褐色（R:106,G:66），然后将"图层 2"的【混合模式】设置为"叠加"，效果如图 6-27 所示。

图 6-26　编辑蒙版后的效果

图 6-27　叠加图像后的效果

　　6. 将第 6.2 节保存的"发射光线效果.psd"文件打开，然后将光线效果移动复制到"纹理.jpg"文件中，并利用【自由变换】命令调整至如图 6-28 所示的形态及位置。

　　7. 将生成"图层 3"的【混合模式】设置为"叠加"，效果如图 6-29 所示。

　　8. 将"图层 3"复制为"图层 3 副本"层，然后将复制出的图像旋转至图 6-30 所示的形态。

　　9. 按 Enter 键，确认图像的旋转操作。

图 6-28　复制出的光线效果

图 6-29　设置叠加样式后的效果

10．打开素材文件中"图库\第 06 章"目录下的"鸟与山.psd"文件，然后将"图层 1"中的图像移动复制到"纹理.jpg"文件中，并放置到如图 6-31 所示的位置。

图 6-30　复制光线旋转后的形态

图 6-31　复制出的远山图像

11．将生成"图层 4"的【混合模式】设置为"正片叠底"，然后为其添加图层蒙版，并利用工具编辑蒙版，编辑后的效果如图 6-32 所示。

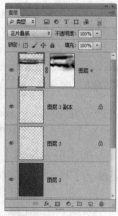
图 6-32　编辑蒙版后的效果

12. 将"鸟与山.psd"文件设置为工作状态，然后将"图层 2"中的图像移动复制到"纹理.jpg"文件中。

13. 为生成的"图层 5"添加图层蒙版，然后利用 ✐ 工具编辑蒙版，编辑后的画面效果如图 6-33 所示。

14. 将"鸟与山.psd"文件再次设置为工作状态，然后将"图层 3"中的图像移动复制到"纹理.jpg"文件中，并放置到如图 6-34 所示的位置。

图 6-33　编辑蒙版后的效果

图 6-34　图片放的位置

15. 按 Shift+Ctrl+S 组合键，将此文件命名为 "电影海报.psd"，并保存。

接下来，来制作电影海报中的浮雕文字及发光效果。

16. 利用 T 工具在画面的下方位置输入如图 6-35 所示的黄色（R:255,G:215）文字。

图 6-35　输入的文字

17. 执行【图层】/【图层样式】/【混合选项】命令，弹出【图层样式】对话框，各选项及参数设置如图 6-36 所示。

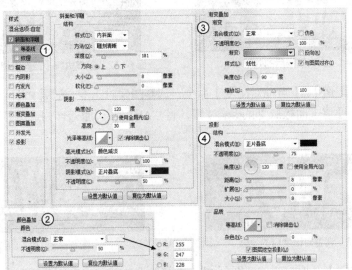

图 6-36　【图层样式】对话框

18. 单击 确定 按钮，添加图层样式后的文字效果如图 6-37 所示。

19. 按住 Ctrl 键，单击"文字层"左侧的图层缩览图添加选区，添加的选区如图 6-38 所示。

图 6-37　添加图层样式后的文字效果

图 6-38　添加的选区

20. 单击【通道】面板底部的 ▣ 按钮，将选区存储为"Alpha 1 通道"，如图 6-39 所示。

21. 将选区去除，然后单击"Alpha 1 通道"将其设置为工作状态，再执行【滤镜】/【模糊】/【径向模糊】命令，弹出【径向模糊】对话框，设置选项及参数如图 6-40 所示。

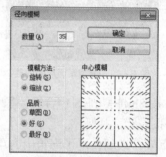

图 6-39　"Alpha 1"通道画面显示

图 6-40　【径向模糊】对话框

22. 单击 确定 按钮，文字模糊后的效果如图 6-41 所示。

23. 连续按 3 次 Ctrl+F 组合键，重复执行【径向模糊】命令，生成的效果如图 6-42 所示。

图 6-41　文字模糊后的效果

图 6-42　重复执行【径向模糊】命令后的效果

24. 执行【图像】/【自动对比度】命令，调整图像对比度，效果如图 6-43 所示。

25. 单击【通道】面板底部的 ▨ 按钮，将"Alpha 1"通道作为选区载入，载入的选区如图 6-44 所示。

图 6-43　调整对比度后的效果

图 6-44　载入的选区

26. 在【图层】面板中新建"图层 7"，并将其调整至"文字层"的下方，然后为载入的选区填充白色，效果如图6-45所示。

27. 重复为选区填充白色，加深颜色，效果如图6-46所示，然后将选区去除。

图6-45 填充白色后的效果

图6-46 重复填充白色后的效果

28. 利用【编辑】/【变换】菜单下面的【透视】和【扭曲】命令，将填充的白色光线调整成如图6-47所示的透视形态。

29. 将"图层7"的图层混合模式设置为"叠加"，效果如图6-48所示。

30. 依次将"图层7"复制为"图层 7 副本"和"图层 7 副本 2"，生成的画面效果如图6-49所示。

图6-47 调整后的形态

图6-48 更改图层混合模式后的画面效果

图6-49 复制图层后生成的画面效果

31. 利用 T.工具，在主题文字下面依次输入黄色（R:255,G:200,B:83）文字，并为其添加【阴影】图层样式，效果如图6-50所示。

32. 继续利用 T.工具，在画面的下方位置依次输入文字，并分别利用【图层样式】命令为其添加不同的效果，如图6-51所示。

图6-50 输入的文字

图6-51 输入的文字

至此，电影海报已经设计完成，整体效果如图6-23所示。

33. 按 Shfit+Ctrl+S 组合键，将此文件另命名为"电影海报.psd"保存。

6.5 课堂实训

通过本章的学习，读者自己动手设计出下面的特效及两幅电影海报。第一幅海报是为电影《烈炎飞马》设计，从名字可以想象出海报中要体现火焰和爆炸等效果，因此在设计这幅海报之前，我们首先来学习爆炸和火焰效果的制作，之后添加上飞马和相关文字即可；第二幅海报是为电影《荷花仙子》设计，从名字可以想象到天庭，又联想到嫦娥，因此先制作一个星空效果，然后添加上仙女、荷花及相关文字即可。

6.5.1 制作爆炸效果

【案例目的】：学习制作爆炸效果，并熟练掌握各种滤镜命令的综合应用。

【案例内容】：利用【添加杂色】、【动感模糊】、【径向模糊】、【极坐标】、【分层云彩】等滤镜命令，并结合各种图像编辑命令来制作如图 6-52 所示的爆炸效果。

图 6-52　制作的爆炸效果

【操作步骤】

1. 新建一个【宽度】为 "15" 厘米，【高度】为 "10" 厘米，【分辨率】为 "120" 像素/英寸，【颜色模式】为 "RGB 颜色"，【背景内容】为白色的文件。

2. 执行【滤镜】/【杂色】/【添加杂色】命令，在弹出的对话框中设置选项及参数，如图 6-53 所示，然后单击 确定 按钮。

3. 执行【图像】/【调整】/【阈值】命令，在弹出的【阈值】对话框中将【阈值色阶】参数设置为 "180"，单击 确定 按钮，画面效果如图 6-54 所示。

图 6-53　【添加杂色】对话框

图 6-54　画面效果

4. 执行【滤镜】/【模糊】/【动感模糊】命令，弹出【动感模糊】对话框，将【角度】的参数设置为 "90" 度，【距离】的参数设置为 "500" 像素，单击 确定 按钮，效果如图 6-55 所示。

5. 按 Ctrl+I 组合键将画面反相显示，然后新建 "图层 1"，并按 D 键将前景色和背景色设置为默认的黑色和白色。

6. 选取 工具，确认属性栏中激活的 按钮，且选择 "前景到背景" 的渐变样式。按住 Shift 键，在画面中由下至上填充从前景色到背景色的线性渐变色。

7. 将 "图层 1" 的【混合模式】设置为 "滤色"，画面效果如图 6-56 所示，然后按 Ctrl+E 组合键将 "图层 1" 向下合并为 "背景" 层。

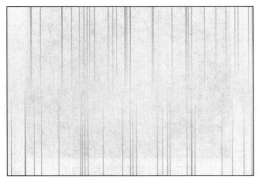

图 6-55 动感模糊效果

图 6-56 画面效果

8. 执行【滤镜】/【扭曲】/【极坐标】命令，在弹出的【极坐标】对话框中点选【平面坐标到极坐标】单选项，然后单击 [确定] 按钮，画面效果如图 6-57 所示。

9. 将背景色设置为黑色，然后执行【图像】/【画布大小】命令，弹出【画布大小】对话框，各选项及参数设置如图 6-58 所示。

图 6-57 极坐标效果

图 6-58 【画布大小】对话框

10. 单击 [确定] 按钮，调整画布大小后的画面效果如图 6-59 所示。

11. 执行【滤镜】/【模糊】/【径向模糊】命令，弹出【径向模糊】对话框，点选【缩放】单选项后，将【数量】的参数设置为"100"，单击 [确定] 按钮，然后再按 4 次 Ctrl+F 组合键重复执行模糊处理，效果如图 6-60 所示。

图 6-59 调整画布大小后的效果

图 6-60 径向模糊效果

12. 按 Ctrl+U 组合键，弹出【色相/饱和度】对话框，参数设置如图 6-61 所示。单击 [确定] 按钮，调整颜色后的效果如图 6-62 所示。

图 6-61　【色相/饱和度】对话框　　　　　　　图 6-62　调整颜色后的效果

13. 新建"图层 1"，并确认前景色和背景色分别为黑色和白色，然后执行【滤镜】/【渲染】/【云彩】命令，为"图层 1"添加由前景色与背景色混合而成的云彩效果。

14. 将"图层 1"的【混合模式】设置为"颜色减淡"，画面效果如图 6-63 所示。

15. 执行【滤镜】/【渲染】/【分层云彩】命令，使云彩发生变化，从而改变爆炸效果。此时根据效果也可以再按几次 Ctrl+F 组合键，直到出现理想的爆炸效果为止，如图 6-64 所示的是按了 3 次 Ctrl+F 组合键生成的效果。

图 6-63　更改图层混合模式后的效果　　　　　图 6-64　执行【分层云彩】命令后的效果

16. 按 Ctrl+S 组合键，将此文件命名为"爆炸效果.psd"保存。

6.5.2　制作火焰效果

【案例目的】：学习制作火焰效果，并熟练掌握各种滤镜命令的综合应用。

【案例内容】：利用【旋转画布】、【风】和【波浪】等滤镜命令，来制作如图 6-65 所示的火焰效果。

【操作步骤】

1. 新建一个【宽度】为"10"厘米，【高度】为"12"厘米，【分辨率】为"120"像素/英寸，【颜色模式】为"RGB 颜色"，【背景内容】为黑色的新文件。

2. 将前景色设置为白色，利用 工具在背景中绘制火焰效果的大体形状，如图 6-66 所示。

图 6-65　制作的火焰效果

3. 执行【图像】/【旋转画布】/【90 度（顺时针）】命令，将画布顺时针旋转 90 度，然后执行【滤镜】/【风格化】/【风】命令，选项设置如图 6-67 所示。

图 6-66　绘制的火焰大体形状

图 6-67　【风】对话框选项设置

4．连续按 5 次 Ctrl+F 组合键，重复执行【风】命令，生成的风效果如图 6-68 所示。然后执行【图像】/【旋转画布】/【90 度（逆时针）】命令，将画布旋转至新建时的状态。

5．执行【滤镜】/【扭曲】/【波浪】命令，为图形制作波浪效果，参数设置如图 6-69 所示。

图 6-68　重复执行【风】命令后的效果

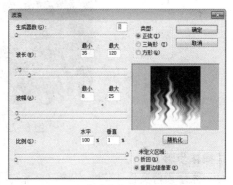

图 6-69　【波浪】对话框参数设置

6．执行【滤镜】/【模糊】/【高斯模糊】命令，在弹出的【高斯模糊】对话框中，将【半径】选项参数设置为"3"像素，然后单击　确定　按钮。

7．执行【图像】/【模式】/【灰度】命令，在弹出的【信息】面板中单击　扔掉　按钮。然后连续执行【图像】/【模式】/【索引颜色】、【颜色表】命令，在弹出的【颜色表】对话框中选择如图 6-70 所示的"黑体"选项。

8．单击　确定　按钮后，生成的火焰效果如图 6-71 所示。

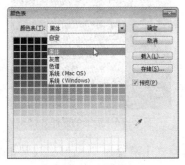

图 6-70　选择的选项

图 6-71　制作的火焰效果

9. 执行【图像】/【模式】/【RGB 颜色】命令，将制作的火焰效果转换为 RGB 模式。

10. 至此，火焰效果制作完成，按 Ctrl+S 组合键，将此文件命名为"火焰效果.psd"保存。

6.5.3 设计电影海报（一）

【案例目的】：上面制作了爆炸效果和火焰效果，下面将这两种特效进行合成，制作出需要的电影海报效果。

【案例内容】：灵活运用图层设计出如图 6-72 所示的《烈炎飞马》电影海报。

图 6-72 设计的电影海报

扫一扫

图 6-72 彩图

【操作步骤】

1. 打开素材文件中"图库\第 06 章"目录下的"天空与海面.jpg"文件，如图 6-73 所示。

2. 打开第 6.5.1 节制作的"爆炸效果.psd"文件，执行【图层】/【拼合图像】命令，将两个图层合并，然后将爆炸效果移动复制到"天空与海面.jpg"文件中，如图 6-74 所示。

图 6-73 打开的图像

图 6-74 添加的爆炸效果

3. 在【图层】面板中，将生成"图层 1"的【混合模式】设置为"滤色"，效果如图 6-75 所示。

4. 打开素材文件中"图库\第 06 章"目录下的"九龙戏珠.jpg"文件，然后将图像选择并移动复制到"天空与海面"文件中，调整大小及位置后，将生成"图层 2"的【混合模式】设置为"正片叠底"，效果如图 6-76 所示。

图 6-75　设置混合模式后的效果

图 6-76　合成的图像

5. 选取 ⬭ 工具，在属性栏中选择 [路径 ⬧]，然后依次绘制出如图 6-77 所示的椭圆形路径。其中，绘制最外面的大椭圆形时选择属性栏中的【合并形状】按钮 ⬚，然后选择【减去顶层形状】按钮 ⬚ 绘制第二个椭圆形，再选择 ⬚ 按钮绘制第三个椭圆形，最后选择 ⬚ 按钮绘制最小的椭圆形路径。

6. 按 Ctrl+Enter 组合键，将路径转换为选区，形态如图 6-78 所示。

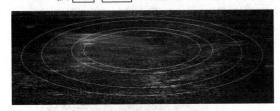

图 6-77　绘制的椭圆形路径

图 6-78　路径转换的选区形态

7. 将"背景"层设置为工作层，然后按 Ctrl+J 组合键，将选区内的图像通过复制生成新的图层"图层 3"，最后将生成的"图层 3"调整至所有图层的上方。

8. 加载"图层 3"的选区，然后单击【图层】面板下方的 ⬭ 按钮，在弹出的下拉菜单中选择【色相/饱和度】命令，在弹出的面板中设置参数如图 6-79 所示，调整色相及饱和度后的画面效果如图 6-80 所示。

图 6-79　【调整】面板参数设置

图 6-80　调整色相及饱和度后的效果

9. 新建"图层 4"，绘制椭圆形选区，然后将其羽化。

10. 选取 工具，选择"橙、黄、橙"渐变色，然后将【不透明度】设置为"50%"，再为选区填充设置的渐变色，去除选区后的效果如图 6-81 所示。

11. 打开第 6.5.2 节制作的"火焰效果.psd"文件，将其移动复制到"天空与海面"文件中，调整大小后放置到画面的右下角位置。

12. 将生成"图层 5"的【混合模式】设置为"亮光"，然后依次将"图层 5"复制为"图层 5 副本"和"图层 5 副本 2"，各图层的位置如图 6-82 所示。

13. 打开素材文件中"图库\第 06 章"目录下的"飞马.psd"文件，然后将飞马图片移动复制到"天空与海面"文件中，调整大小后放置到如图 6-83 所示的位置。

图 6-81　制作的光晕效果

图 6-82　添加的火焰效果

图 6-83　飞马放置的位置

14. 依次输入图 6-84 所示的相应文字，即可完成电影海报的设计。

图 6-84　输入的文字

6.5.4　制作星空效果

【案例目的】：学习制作星空效果，掌握各种滤镜命令的应用。

【案例内容】：利用【云彩】、【分层云彩】、【径向模糊】、【镜头光晕】等滤镜命令，并结合各种颜色调整命令和编辑命令来制作星空效果，效果如图 6-85 所示。

扫一扫

图 6-85 彩图

图 6-85 制作的星空效果

【操作步骤】

1. 新建一个【宽度】为"15"厘米，【高度】为"12"厘米，【分辨率】为"150"像素/英寸，【颜色模式】为"RGB 颜色"，【背景内容】为白色的文件。

2. 新建"图层 1"并填充黑色，然后执行【滤镜】/【渲染】/【分层云彩】命令，再利用【自由变换】命令将其在水平方向上向两边拉伸，如图 6-86 所示。

提示　　此处可多按几次 Ctrl+F 组合键重复执行【分层云彩】命令，得到分布较均匀的云彩纹理效果。

3. 按 Enter 键确认拉伸操作，然后利用 🖐 和 🔍 工具依次对云彩效果进行加深和减淡处理，最终效果如图 6-87 所示。

图 6-86 拉伸云彩纹理

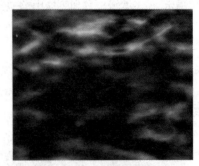

图 6-87 修饰后的云彩

4. 按 Ctrl+U 组合键，在弹出的【色相/饱和度】对话框中勾选【着色】复选框，并设置【色相】参数为"347"、【饱和度】参数为"67"，单击 确定 按钮，调整颜色后的效果如图 6-88 所示。

5. 将"图层 1"复制为"图层 1 副本"，然后按 Ctrl+U 组合键，在弹出的【色相/饱和度】对话框中勾选【着色】复选框，设置【色相】参数为"240"、【饱和度】参数为"100"，单击 确定 按钮，调整颜色后的效果如图 6-89 所示。

图 6-88 调整颜色后的效果   图 6-89 调整颜色后的效果

6. 在【图层】面板中单击 ▣ 按钮，为"图层 1 副本"添加图层蒙版，然后执行【滤镜】/【渲染】/【云彩】命令，效果如图 6-90 所示。

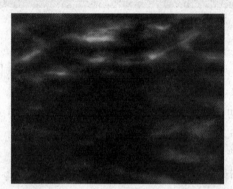

图 6-90 编辑后的云彩效果

提示   由于【云彩】命令是随机性的命令，即每执行一次生成的效果都各不相同，因此，如果读者的计算机中没有出现本例的效果，可利用 ✐ 工具对图层蒙版进行编辑，直到涂抹出类似的效果即可。

7. 按 Ctrl+E 组合键，将"图层 1 副本"层合并到"图层 1"中，然后利用【自由变换】命令将其在垂直方向上稍微倾斜，如图 6-91 所示。

8. 按 Enter 键确认变形操作，然后利用 ◉ 和 ◓ 工具对画面进行加色和减淡处理，最终效果如图 6-92 所示。

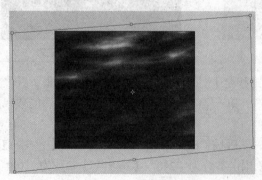

图 6-91 云彩变形

图 6-92 修饰后的云彩效果

9. 选取 工具，然后按 **F5** 键调出【画笔】面板，设置选项和参数如图 6-93 所示。

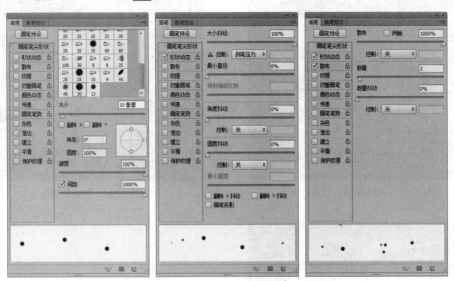

图 6-93　【画笔】选项及参数设置

10. 新建"图层 2"，利用 工具在画面中描绘出如图 6-94 所示的白色"星星"。

11. 执行【图层】/【图层样式】/【外发光】命令，在弹出的【图层样式】对话框中设置参数如图 6-95 所示。

图 6-94　喷绘的星星

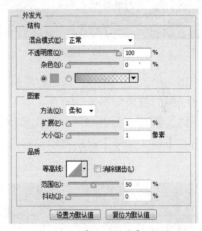

图 6-95　【图层样式】对话框

12. 单击 确定 按钮，添加外发光后的效果如图 6-96 所示。

13. 用与步骤 10~步骤 12 相同的方法，依次在新建的"图层 3"和"图层 4"中喷绘"星星"，其【外发光】效果的颜色分别为绿色和紫色，最终效果如图 6-97 所示。

14. 选取 工具，设置合适的笔头大小，依次将"图层 2""图层 3"和"图层 4"中的部分"星星"擦除，使画面中的"星星"零星分布。然后将"图层 4"的【不透明度】参数设置为"50%"，"图层 2"的【不透明度】参数设置为"70%"，此时的画面效果如图 6-98 所示。

15. 将"图层 2"复制为"图层 2 副本"，然后执行【滤镜】/【模糊】/【径向模糊】命令，在【中心模糊】的网格处单击可以设置模糊的中心位置，其选项及参数设置如图 6-99所示。

图 6-96 添加外发光后的效果

图 6-97 喷绘的星星

图 6-98 画面效果

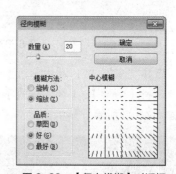

图 6-99 【径向模糊】对话框

16. 单击 确定 按钮，然后依次复制"图层 3"和"图层 4"并添加径向模糊效果，此时的画面效果如图 6-100 所示。

17. 新建"图层 5"并填充黑色，然后执行【滤镜】/【渲染】/【镜头光晕】命令，在弹出的【镜头光晕】对话框中设置选项及参数，如图 6-101 所示。

图 6-100 画面效果

图 6-101 【镜头光晕】对话框

18. 单击 确定 按钮，并将"图层 5"的【图层混合模式】选项设置为"滤色"，生成的光晕效果如图 6-85 所示。

19. 至此，星空效果的制作完成，按 $\boxed{Ctrl}$+$\boxed{S}$ 组合键，将此文件命名为"星空效果.psd"保存。

6.5.5　设计电影海报（二）

【**案例目的**】：本例来合成《荷花仙子》电影海报。

【**案例内容**】：灵活运用图层设计电影海报，最终效果如图 6-102 所示。

图 6-102　设计的电影海报

【**操作步骤**】

1. 新建一个【宽度】为"27"厘米，【高度】为"20"厘米，【分辨率】为"200"像素/英寸，【颜色模式】为"RGB 颜色"，【背景内容】为白色的文件。

2. 打开第 6.5.4 小节制作的"星空效果.psd"文件，执行【图层】/【拼合图像】命令，将图层合并，然后将星空效果移动复制到新建文件中，并调整至与页面相同的大小。

3. 按 $\boxed{Ctrl}$+$\boxed{E}$ 组合键，将生成的"图层 1"合并到背景层中。

4. 打开素材文件中"图库\第 06 章"目录下的"大树.psd"文件，并将其移动复制到新建文件中调整至如图 6-103 所示的大小及位置。

5. 在【图层】面板将生成"图层 1"的【混合模式】选项设置为"明度"，效果如图 6-104 所示。

图 6-103　图像调整的大小及位置

图 6-104　设置混合模式后的效果

6. 打开素材文件中"图库\第06章"目录下的"人像.jpg"文件，并将其移动复制到新建文件中。

7. 将生成的"图层 2"调整至"图层 1"的下方，然后灵活运用图层蒙版将多余的图像隐藏，效果如图 6-105 所示。

8. 将"图层 2"的【混合模式】选项设置为"滤色"。

9. 打开素材文件中"图库\第06章"目录下的"荷花.psd"文件，并将其移动复制到新建文件中放置到如图 6-106 所示的位置。

图 6-105　添加的人物图像

图 6-106　添加的荷花图像

10. 最后为画面添加星光效果及文字，即可完成电影海报的设计。

6.6　小结

本章详细介绍了几种特效及电影海报的制作，主要用到【滤镜】及图层命令。滤镜可谓 Photoshop 中最精彩的内容，应用滤镜可以制作出多种不同的图像艺术效果及各种类型的艺术效果字。限于篇幅，本章只列举几种效果来介绍常用滤镜命令的使用方法，希望能够起到抛砖引玉的作用。同时，也希望读者通过本章的学习，能够将滤镜命令的综合运用及海报的设计方法掌握，以达到学以致用的目的。

6.7　课后练习

1. 灵活运用通道结合【滤镜库】命令中的【铬黄渐变】命令和【图层样式】命令来制作如图 6-107 所示的闪电字效果。

2. 下面灵活运用【滤镜】命令及图层蒙版，来制作如图 6-108 所示的海面及透过海面的光线效果。用到的素材图片为"图库\第06章"目录下名为"海底.jpg"的文件。

3. 灵活运用本章学习的命令及制作电影海报的方法，设计出如图 6-109 所示的《小鬼神偷》电影海报。在设计过程中，主要学习图案文字的制作方法及文字光影效果的制作方法，同时要学会【拷贝】和【粘贴入】命令的结合使用。用到的素材图片为"图库\第 06 章"目录下名为"海报背景.jpg"的文件。

图 6-107　制作的闪电字效果

扫一扫

图 6-108 彩图

图 6-108　制作的海面及光线效果

图 6-109　设计的电影海报

4. 灵活运用【云彩】、【球面化】、【挤压】等滤镜命令及图层和图层蒙版等来制作蘑菇云效果，如图 6-110 所示。然后设计出如图 6-111 所示的《急速突破》电影海报。用到的素材图片为"图库\第 06 章"目录下名为"天空.jpg""科技素材.jpg"和"烟雾纹理.jpg"的文件。

扫一扫

图 6-110 彩图

图 6-110　制作的蘑菇云效果

图 6-111　设计的电影海报

第 7 章
包装设计

包装设计是指商品及其容器的艺术设计。在进行包装设计时，要根据不同的产品特性和不同的消费群体需求，分别采取不同的艺术处理和相应的印刷制作技术，其目的是向消费者传递准确的商品信息，树立良好的企业形象，同时对商品起到保护、美化、宣传的作用，并能提高商品在同类产品中的销售竞争力。优秀的包装设计一般都具有科学性、经济性、艺术性、实用性及民族性等特点。

本章将通过设计糖果包装袋及月饼的包装盒，带领读者学习包装设计的一般方法，包括包装平面图的设计和立体效果图的制作。

7.1　糖果包装袋设计

【案例目的】：优秀的包装不仅能通过造型、色彩、图案或材质等引起消费者对商品的注意，还要使消费者通过包装来认识和理解包装内的商品。因为消费者购买的目的并不是包装，而是包装内的商品，所以用什么样的形式可以准确、真实地传达包装的实物，就是设计者必须要考虑的因素。对于需要突出商品形象的，可以采用全透明包装、在包装容器上开窗展示、绘制商品图形、做简洁的文字说明及印刷彩色的商品图片等方式。

【案例内容】：下面来设计糖果的包装袋。首先设计平面图，然后将其制作成立体效果，如图 7-1 所示。

7.1.1　设计包装平面图

设计的包装平面图如图 7-2 所示。

扫一扫

图 7-1 彩图

图 7-1　制作的手提袋立体效果

图 7-2　设计完成的包装平面图

【操作步骤】

1. 新建【宽度】为"23 厘米",【高度】为"30 厘米",【分辨率】为"120 像素/英寸"的白色文件。

2. 选取 ▣ 工具,激活属性栏中的 ▣ 按钮,再单击属性栏中颜色条,在弹出的【渐变编辑器】对话框中设置渐变颜色参数,如图 7-3 所示,然后单击 ▭确定▭ 按钮。

3. 新建"图层 1",然后按住 Shift 键,在画面中由上至下拖曳鼠标填充渐变色,效果如图 7-4 所示。

图 7-3　【渐变编辑器】对话框

图 7-4　填充渐变色后的效果

4. 执行【滤镜】/【扭曲】/【波浪】命令,在弹出的【波浪】对话框中设置各项参数如图 7-5 所示。

5. 单击 ▭确定▭ 按钮,执行【波浪】命令后的画面效果如图 7-6 所示。

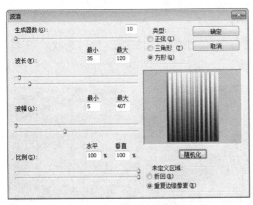

图 7-5　【波浪】对话框

图 7-6　执行【波浪】命令后的画面效果

6. 执行【滤镜】/【扭曲】/【极坐标】命令,在弹出的【极坐标】对话框中设置选项如图 7-7 所示。

7. 单击 ▭确定▭ 按钮,执行【极坐标】命令后的画面效果如图 7-8 所示。

8. 执行【滤镜】/【扭曲】/【旋转扭曲】命令,在弹出的【旋转扭曲】对话框中设置选项,如图 7-9 所示。

9. 单击 ▭确定▭ 按钮,执行【旋转扭曲】命令后的画面效果如图 7-10 所示。

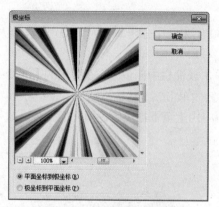

图 7-7 【极坐标】对话框

图 7-8 执行【极坐标】命令后的画面效果

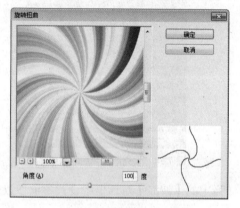

图 7-9 【旋转扭曲】对话框

图 7-10 执行【旋转扭曲】命令后的画面效果

10. 按 Ctrl+T 组合键，为"图层 1"中的内容添加自由变形框，并将其调整至如图 7-11 所示的形态，然后按 Enter 键，确认图像的变换操作。

11. 单击【图层】面板下方的 按钮，为"图层 1"添加图层蒙版，然后选取 工具，并将属性栏中将【羽化】选项的参数设置为"100 像素"，再绘制出图 7-12 所示的椭圆形选区。

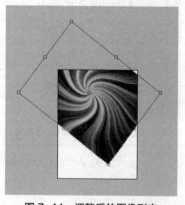

图 7-11 调整后的图像形态

图 7-12 绘制的选区

12. 为选区填充黑色编辑蒙版，效果如图 7-13 所示，然后按 Ctrl+D 组合键，将选区去除。

13. 利用 和 工具，绘制并调整出图 7-14 所示的路径，然后按 Ctrl+Enter 组合键，将路径转换为选区。

图 7-13　编辑蒙版后的画面效果

图 7-14　绘制的路径

14.　新建"图层 2"，为选区填充灰色（R:192,G:192,B:192），然后按 Ctrl+D 组合键，将选区去除，填充颜色后的效果如图 7-15 所示。

15.　继续利用 ⟋ 和 ⬛ 工具，绘制并调整出图 7-16 所示的路径，然后按 Ctrl+Enter 组合键，将路径转换为选区。

图 7-15　填充颜色后的效果

图 7-16　绘制的路径

16.　新建"图层 3"，为选区填充上白色，效果如图 7-17 所示，然后按 Ctrl+D 组合键，将选区去除。

17.　将附盘中"图库\第 07 章"目录下名为"巧克力.jpg"的图片打开，然后选取 ⬛ 工具，在画面的白色区域处单击添加选区。

18.　按 Shift+Ctrl+I 组合键，将选区反选，然后将选择的图像移动复制到新建文件中生成"图层 4"，并利用【自由变换】命令将其调整至图 7-18 所示的形态及位置。

图 7-17　填充颜色后的效果

图 7-18　调整后的图像形态

19.　按 Enter 键，确认图像的变换操作，然后按 Ctrl+M 组合键，在弹出的【曲线】对话框中调整曲线形态如图 7-19 所示。

20. 单击 [确定] 按钮，调整后的图像效果如图 7-20 所示。

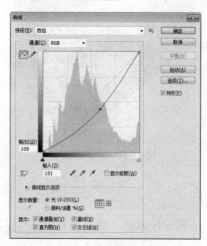

图 7-19　【曲线】对话框

图 7-20　调整后的图像形态

21. 单击【图层】面板下方的 按钮，为"图层 4"添加图层蒙版，然后利用 工具，在"图层 4"中喷绘黑色编辑蒙版，效果如图 7-21 所示。

22. 利用 工具，输入如图 7-22 所示的红色（R:230,B:18）文字。

图 7-21　编辑蒙版后的画面效果

图 7-22　输入的文字

23. 执行【图层】/【图层样式】/【混合选项】命令，在弹出的【图层样式】对话框中设置各项参数如图 7-23 所示。

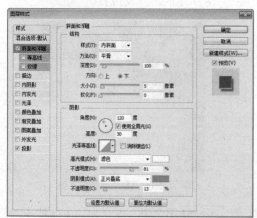

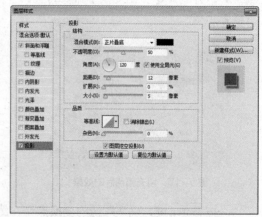

图 7-23　【图层样式】对话框

24. 单击 确定 按钮，添加图层样式后的文字效果如图 7-24 所示。

25. 按 Ctrl+T 组合键，为文字添加自由变形框，并将其调整至图 7-25 所示的形态，然后按 Enter 键，确认文字的变换操作。

图 7-24　添加图层样式后的文字效果　　　　图 7-25　调整后的文字形态

26. 利用 和 工具，绘制并调整出图 7-26 所示的路径，然后按 Ctrl+Enter 组合键，将路径转换为选区。

27. 新建"图层 5"，为选区填充上深蓝色（R:36,G:38,B:125），效果如图 7-27 所示，然后按 Ctrl+D 组合键，将选区去除。

图 7-26　绘制的路径　　　　　　　　图 7-27　填充颜色后的效果

28. 利用 和 工具，再绘制并调整出图 7-28 所示的路径，然后按 Ctrl+Enter 组合键，将路径转换为选区。

29. 新建"图层 6"，并将其调整至"图层 5"的下方位置，然后为选区填充上蓝色（R:34,G:119,B:204），效果如图 7-29 所示。

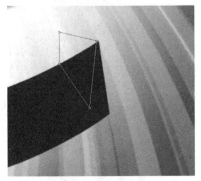

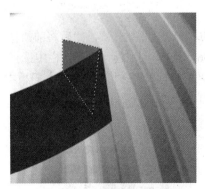

图 7-28　绘制的路径　　　　　　　　图 7-29　填充颜色后的效果

30. 按 Ctrl+D 组合键去除选区，然后继续利用 ✐ 和 ↖ 工具，绘制并调整出图 7-30 所示的路径，并按 Ctrl+Enter 组合键，将路径转换为选区。

31. 新建"图层 7"，利用 ▦ 工具为选区由右上角至左下角填充从深蓝色（R:36,G:38,B:125）到蓝色（R:34,G:119,B:204）的线性渐变色，效果如图 7-31 所示，然后将选区去除。

图 7-30　绘制的路径

图 7-31　填充渐变色后的效果

32. 将"图层 6"和"图层 7"同时选择，并将其复制，再执行【编辑】/【变换】/【水平翻转】命令，将复制出的图像翻转，然后将其移动至如图 7-32 所示的位置。

33. 利用 ✐ 和 ↖ 工具，绘制并调整出如图 7-33 所示的路径，然后按 Ctrl+Enter 组合键，将路径转换为选区。

图 7-32　图像放置的位置

34. 新建"图层 8"，为选区填充上深蓝色（R:36,G:38,B:125），效果如图 7-34 所示，然后按 Ctrl+D 组合键，将选区去除。

图 7-33　绘制的路径

图 7-34　填充颜色后的效果

35. 新建"图层 9"，然后将前景色设置为深蓝色（R:36,G:38,B:125）。

36. 选取 ✿ 工具，在属性栏中选择 像素 ▾ 选项，然后单击属性栏中【形状】选项右侧的 →▾ 按钮，在弹出的【自定形状】面板中选取图 7-35 所示的形状图形，再在红色文字的右上角绘制出图 7-36 所示的形状图形。

图 7-35　【自定形状】面板

图 7-36　绘制的图形

37. 按 Ctrl+T 组合键，为"图层 9"中的内容添加自由变形框，并将其调整至图 7-37 所示的形态，然后按 Enter 键，确认图像的变换操作。

38. 利用 T 工具，输入图 7-38 所示的白色文字。

图 7-37 调整后的图像形态

图 7-38 输入的文字

39. 单击属性栏中的 工 按钮，在弹出的【变形文字】对话框中设置各项参数，如图 7-39 所示，然后单击 确定 按钮，变形后的文字效果如图 7-40 所示。

图 7-39 【变形文字】对话框

图 7-40 变形后的文字效果

40. 按 Ctrl+T 组合键，为变形后的文字添加自由变形框，并将其调整至图 7-41 所示的形态，然后按 Enter 键，确认文字的变换操作。

41. 继续利用 T 工具，输入白色的"filling"英文字母。

42. 按 Ctrl+T 组合键，为英文字母添加自由变形框，并将其调整至图 7-42 所示的形态，然后按 Enter 键，确认文字的变换操作。

图 7-41 调整后的文字形态

图 7-42 调整后的文字形态

43. 利用 T 工具，再依次输入如图 7-43 所示的白色文字和字母。

44. 按 Ctrl+T 组合键，为文字添加自由变形框，并将其调整至图 7-44 所示的形态，然后按 Enter 键，确认文字的变换操作。

图 7-43 输入的文字

图 7-44 变形后的文字形态

45. 继续利用 T 工具，输入图 7-45 所示的红色（R:230,B:18）英文字母。

46. 执行【图层】/【图层样式】/【描边】命令，在弹出的【图层样式】对话框中设置各项参数如图7-46所示。

47. 单击 确定 按钮，添加图层样式后的文字效果如图 7-47 所示。

图 7-45　输入的英文字母

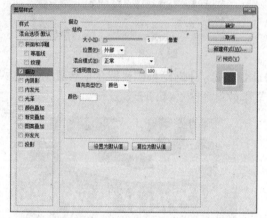

图 7-46　【图层样式】对话框

图 7-47　添加图层样式后的文字效果

48. 单击属性栏中的 工 按钮，在弹出的【变形文字】对话框中设置各项参数如图 7-48 所示，然后单击 确定 按钮，变形后的文字效果如图 7-49 所示。

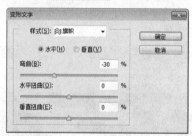

图 7-48　【变形文字】对话框

图 7-49　变形后的文字效果

49. 新建"图层 10"，然后利用 ○ 工具，绘制出如图 7-50 所示的椭圆形选区，并为其填充白色。

50. 执行【编辑】/【描边】命令，在弹出的【描边】对话框中设置各项参数如图 7-51 所示。

图 7-50　绘制的选区

图 7-51　【描边】对话框

51. 单击 确定 按钮，描边后的图像效果如图 7-52 所示，然后将选区去除。

52. 按 Ctrl+T 组合键，为"图层 10"中的内容添加自由变形框，并将其调整至如图 7-53 所示的形态，然后按 Enter 键，确认图像的变换操作。

图 7-52　描边后的图像效果

图 7-53　调整后的图像形态

53. 打开素材文件中"图库\第 07 章"目录下名为"巧克力 01.jpg"的图片，然后选取 🔍 工具，在画面的白色区域处单击添加选区。

54. 按 Shift+Ctrl+I 组合键，将选区反选，然后将选择的图像移动复制到新建文件中生成"图层 11"，并利用【自由变换】命令将其调整至如图 7-54 所示的形态及位置。

55. 按 Enter 键，确认图像的变换操作，然后打开素材文件中"图库\第 07 章"目录下名为"巧克力 02.jpg"的图片，并移动复制到新建文件中生成"图层 12"，再将其调整至合适的大小及角度后放置到如图 7-55 所示的位置。

图 7-54　调整后的图像形态

图 7-55　图片放置的位置

56. 单击【图层】面板下方的 ▣ 按钮，为"图层 12"添加图层蒙版，然后选取 🖌 工具，单击属性栏中的 🖼 按钮，在弹出的【画笔】面板中设置各项参数，如图 7-56 所示。

57. 在"图层 12"中按住左键并拖曳鼠标，依次喷绘黑色编辑蒙版，效果如图 7-57 所示。

图 7-56　【画笔】面板

图 7-57　编辑蒙版后的效果

58. 新建"图层 13",然后利用▣工具,绘制出如图 7-58 所示的矩形选区,并为其填充深红色(R:103,G:14,B:2)。

59. 继续利用▣工具,绘制出如图 7-59 所示的矩形选区,并为其填充白色,然后将选区去除。

图 7-58　绘制的选区　　　　　　　　　　　图 7-59　绘制的选区

60. 利用 T 工具,输入如图 7-60 所示的白色文字。

61. 新建"图层 14",然后将前景色设置为深蓝色(R:36,G:38,B:125)。

62. 选取▣工具,并在属性栏中选择 像素 选项,将【半径】选项的参数设置为"30 像素",然后绘制出如图 7-61 所示的圆角矩形图形。

图 7-60　输入的文字　　　　　　　　　　　图 7-61　绘制的图形

63. 执行【图层】/【图层样式】/【描边】命令,在弹出的【图层样式】对话框中设置各项参数如图 7-62 所示。

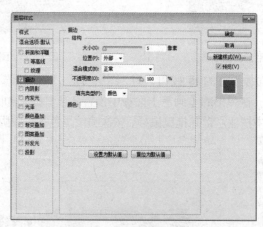

图 7-62　【图层样式】对话框

64. 单击 确定 按钮,添加图层样式后的图像效果如图 7-63 所示。

65. 继续利用 T 工具,输入图 7-64 所示的白色文字,即可完成包装袋画面的设计。

图 7-63　添加图层样式后的图像效果　　　　　图 7-64　输入的文字

66. 按 Ctrl+S 组合键，将此文件命名为"包装袋设计.psd"保存。

7.1.2 制作包装袋的立体效果

接下来在包装袋平面图的基础上来制作包装袋的立体效果。

【操作步骤】

1. 新建【宽度】为"25 厘米"，【高度】为"35 厘米"，【分辨率】为"120 像素/英寸"的白色文件，然后为"背景"层填充上黑色。

2. 将"包装袋设计.psd"文件设置为工作状态，然后按 Shift+Ctrl+Alt+E 组合键，将所有图层复制并合并为一个图层。

3. 将合并后的图像移动复制到新建文件中生成"图层 1"，然后将其调整至合适的大小后放置到如图 7-65 所示的位置。

4. 利用 🖊 和 ⬚ 工具，绘制并调整出如图 7-66 所示的路径，然后按 Ctrl+Enter 组合键，将路径转换为选区。

5. 按 Shift+Ctrl+I 组合键，将选区反选，再按 Delete 键，删除选择的内容，效果如图 7-67 所示，然后按 Ctrl+D 组合键，将选区去除。

图 7-65　图像放置的位置

图 7-66　绘制的路径

图 7-67　删除后的画面效果

6. 选取 🖊 工具，按住 Shift 键，在画面的底部绘制出如图 7-68 所示的直线路径。

图 7-68　绘制的路径

7. 选取 🖊 工具，单击属性栏中的 🔲 按钮，在弹出的【画笔】面板中设置各项参数如图 7-69 所示。

8. 打开【路径】面板，单击面板下方的 ○ 按钮，用设置的橡皮擦笔头沿路径擦除图像，然后在【路径】面板的灰色区域处单击，将路径隐藏，擦除后的效果如图 7-70 所示。

图 7-69 【画笔】面板

图 7-70 擦除后的图像效果（隐藏背景层后的效果）

9. 用与步骤 6～步骤 8 相同的方法，对包装袋的上方进行擦除，擦除后的效果如图 7-71 所示。

10. 新建"图层 2"，然后将前景色设置为白色。

11. 选取 ✎ 工具，在属性栏中选择 像素 ⬚ 选项，并将【粗细】选项的参数设置为"3 像素"，然后按住 Shift 键，依次绘制出如图 7-72 所示的直线。

图 7-71 擦除后的图像效果

图 7-72 绘制的直线

12. 在【图层】面板中将"图层 2"的【填充】选项的参数设置为"0%"，然后执行【图层】/【图层样式】/【斜面和浮雕】命令，在弹出的【图层样式】对话框中设置各项参数，如图 7-73 所示。

13. 单击 确定 按钮，添加图层样式后的图像效果如图 7-74 所示。

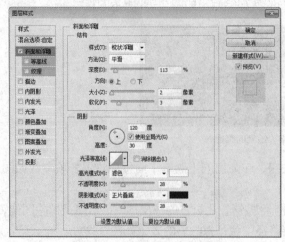

图 7-73 【图层样式】对话框

图 7-74 添加图层样式后的图像效果

14. 将"图层 2"复制生成为"图层 2"副本，并将复制出的图像移动至包装袋的上方位置，然后双击"图层 2 副本"中的"斜面和浮雕"样式层，在弹出的【图层样式】对话框中设置各项参数如图 7-75 所示。

15. 单击 <u>确定</u> 按钮，修改图层样式参数后的图像效果如图 7-76 所示。

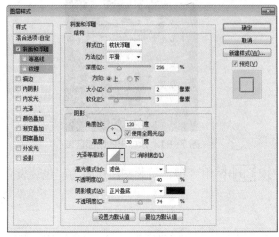

图 7-75 【图层样式】对话框 　　　图 7-76 修改图层样式参数后的图像效果

16. 按住 Ctrl 键，单击"图层 1"的图层缩略图添加选区，然后按 Shift+Ctrl+I 组合键，将选区反选。

17. 依次将"图层 2"和"图层 2 副本"设置为当前层，并分别按 Delete 键删除选区的内容，然后将选区去除，删除后的图像效果如图 7-77 所示。

18. 利用 ✐ 和 ↖ 工具，绘制并调整出如图 7-78 所示的路径，然后按 Ctrl+Enter 组合键，将路径转换为选区。

19. 新建"图层 3"，为选区填充上白色，再将选区去除，然后在【图层】面板中将其【不透明度】选项的参数设置为"50%"，降低不透明度后的图像效果如图 7-79 所示。

图 7-77 删除后的图像效果　　　图 7-78 绘制的路径　　　图 7-79 降低不透明度后的图像效果

20. 新建"图层 4"，用与步骤 18～步骤 19 相同的方法，制作出如图 7-80 所示的图像效果，然后将选区去除。

21. 将"图层 1"设置为当前层，然后选取 ◐ 工具，并在属性栏中将【范围】选项设置为"中间调"，【画笔】及【曝光度】参数读者可根据情况自定，再在画面中按住鼠标左键并拖曳，涂抹出图像的暗部区域，使画面显示出体积感，效果如图 7-81 所示。

图 7-80　制作出的图像效果

图 7-81　涂抹出的暗部区域

22. 至此，包装袋的立体效果制作完成，按 Ctrl+S 组合键，将此文件命名为"包装袋立体效果.psd"保存。

7.2　课堂实训

【案例目的】：月饼包装设计是一门以品牌、文化为中心，以美学、形式为基础，以工艺为导向的设计，我们应该把月饼包装设计作为一种文化形态来对待。月饼包装作为特别商品与消费者之间的信息纽带，对其文化性的要求更显得突出。好的月饼包装不仅可以提高销售份额，更可以提升品牌形象，使我国传统的月饼文化得以更广泛的传播。色彩在包装设计中最具视觉冲击力，是销售包装的灵魂，吉祥色红色和黄色的完美结合，更彰显富贵华丽之感。

【案例内容】：下面来设计月饼的包装盒，首先设计平面图，然后将其制作成立体效果，如图 7-82 所示。

扫一扫

图 7-82 彩图

图 7-82　制作的月饼盒效果

7.2.1　设计月饼盒画面

首先来设计月饼盒的主画面。

【操作步骤】

1. 新建【宽度】为"20.6 厘米"，【高度】为"20.6 厘米"，【分辨率】为"200 像素/英寸"，【颜色模式】为"CMYK 模式"，背景色为白色的新文件。

212

2. 在画面中依次添加如图 7-83 所示的参考线。

3. 新建"图层 1"，并为其填充红色（R:230,B:18）。

4. 选取▣工具，并在属性栏中选择 路径 ▾ 选项，将【半径】选项设置为 半径: 10 像素，然后绘制出如图 7-84 所示的路径。

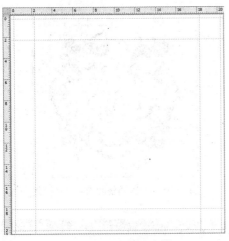

图 7-83　添加的参考线

图 7-84　绘制的路径

5. 按 Ctrl+Enter 组合键，将路径转换为选区，然后按 Delete 键，将选区内的图像删除，如图 7-85 所示。

6. 打开素材文件中"图库\第 07 章"目录下名为"底纹.jpg"的图像，然后将其移动复制到新建文件中生成"图层 2"，并利用【自由变换】命令将其调整至如图 7-86 所示的大小及位置。

图 7-85　删除图像后的效果

图 7-86　图片调整后的大小及位置

7. 按 Enter 键确认图像的大小调整，然后将"图层 2"调整至"图层 1"的下方，效果如图 7-87 所示。

8. 打开素材文件中"图库\第 07 章"目录下名为"图案.psd"的图像，然后将"图层 1"中的图像移动复制到新建文件中生成"图层 3"，并利用【自由变换】命令将其调整至如图 7-88 所示的大小及位置。

9. 按 Enter 键确认图像的大小调整，然后激活【图层】面板左上角的▣按钮，锁定图像的透明像素，再为图案填充米黄色（R:246,G:228,B:167），如图 7-89 所示。

10. 打开素材文件中"图库\第 07 章"目录下名为"年画.jpg"的图像，然后利用 ![] 工具选取图像的白色背景，再按 Shift + Ctrl + I 组合键，将人物画选择。

11. 将选择的人物画移动复制到新建文件中生成"图层 4"，并利用【自由变换】命令将其调整至如图 7-90 所示的大小及位置。

图 7-87　调整图层堆叠顺序后的效果

图 7-88　图案调整后的大小及位置

图 7-89　修改颜色后的效果

图 7-90　人物画调整后的大小及位置

12. 利用 ![] 和 ![] 工具绘制出如图 7-91 所示的路径，然后按 Ctrl + Enter 组合键，将路径转换为选区。

13. 新建"图层 5"，并为其填充黄褐色（R:203,G:166,B:69），效果如图 7-92 所示。

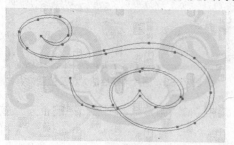

图 7-91　绘制的路径

图 7-92　填充颜色后的效果

通过放大显示，我们会发现，路径相交区域会有一块空白没有填充颜色，下面来进行这部分的填充。

14. 将有空白区域的位置放大显示，然后选取 ![] 工具并在空白区域单击，将该区域选择，如图 7-93 所示。

15. 为选区填充黄褐色（R:203,G:166,B:69），效果如图7-94所示。

图7-93　创建的选区

图7-94　填充颜色后的效果

16. 按住 Ctrl 键单击"图层 5"的图层缩览图，加载选区，然后用移动复制图形的方法，将图形移动复制，并调整至如图7-95所示的大小及位置。

17. 按 Enter 键确认图形的变换调整，然后继续将该图形移动复制，并执行【编辑】/【变换】/【水平翻转】命令，将复制出的图形在水平方向上翻转，再调整至如图7-96所示的位置。

图7-95　复制出的图形调整后的大小及位置

图7-96　复制出的图形

18. 按 Ctrl+D 组合键去除选区，然后将其移动到年画位置，并在【图层】面板中，将"图层 5"调整至"图层 4"的下方，如图7-97所示。

19. 在所有层的上方新建"图层 6"，然后利用▣工具，依次绘制并复制出如图7-98所示的正方形红色(R:230,B:18)图形。

20. 新建"图层 7"，继续利用▣工具绘制出如图7-99所示的大红色的正方形图形，然后按 Ctrl+D 组合键去除选区。

图7-97　调整堆叠顺序后的效果

图7-98　绘制的正方形图形

图7-99　绘制的正方形图形

21. 利用 T 工具，在红色正方形图形上输入如图7-100所示的文字。

22. 按住 Ctrl 键，单击文字层的图层缩览图加载选区，然后将文字层删除，并将"图层 7"设置为工作层。

23. 按 Delete 键，将选区内的图像删除，生成的镂空字效果如图 7-101 所示。

图 7-100　输入的文字

图 7-101　删除图像后的效果

24. 按 Ctrl+D 组合键，去除选区，然后灵活运用 T 工具，依次输入如图 7-102 所示的字母及文字。

图 7-102　输入的字母及文字

25. 将前面打开的"图案.psd"文件设置为工作状态，然后将"图层 2"中的图案移动复制到新建文件中生成"图层 8"。

26. 利用【自由变换】命令将图案调整至如图 7-103 所示的大小及位置，并按 Enter 键确认。

27. 按 Ctrl+A 组合键，将显示的区域选择，然后执行【图像】/【裁剪】命令，将画面以外的图像删除。

28. 利用 田 工具，根据添加的参考线，绘制出如图 7-104 所示的选区。

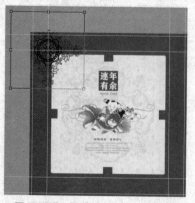

图 7-103　图案调整的大小及位置

图 7-104　绘制的选区

29. 按 Shift+Ctrl+I 组合键，将选区反选，然后按 Delete 键删除，效果如图 7-105 所示。

30. 按 Ctrl+D 组合键去除选区，然后单击【图层】面板左上方的回按钮，锁定该图层的透明像素，再为图案填充黄褐色（R:203,G:166,B:69），效果如图 7-106 所示。

图 7-105　删除图像后的效果

图 7-106　修改颜色后的效果

31. 用移动复制及【水平翻转】命令，将修改颜色后的图案复制，并在水平方向翻转，复制图形调整后的位置如图 7-107 所示。

32. 在【图层】面板中，将"图层 8"和"图层 8 副本"同时选择并复制，然后将复制出的图形在垂直方向上翻转，再调整至如图 7-108 所示的位置。

图 7-107　复制出的图形

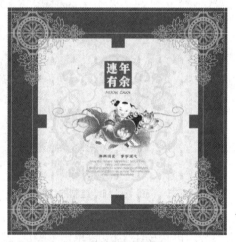

图 7-108　复制出的图形

33. 将图案所在的 4 个图层同时选择，并按 Ctrl+E 组合键合并为一个图层。

34. 至此，包装盒画面设计完成，按 Ctrl+S 组合键，将此文件命名为"月饼包装画面.psd"保存。

7.2.2　制作月饼盒的立体效果

本节来介绍如何将设计的月饼盒画面制作成立体效果。

【操作步骤】

1. 打开素材文件中"图库\第 07 章"目录下名为"背景.jpg"的文件。

2. 将 7.2.1 节设计的"月饼包装画面.psd"文件设置为工作状态，然后按 Shift+Ctrl+Alt+E 组合键，复制所有图层并进行合并。

3. 选取回工具，将如图 7-109 所示的图像选择，然后将其移动复制到"背景.jpg"文件中生成"图层 1",并利用【自由变换】命令将其调整至如图 7-110 所示的透视形态。

图 7-109　选取的图像　　　　　　　　　图 7-110　调整后的透视形态

4. 新建"图层 2",并调整至"图层 1"的下方,然后利用 工具绘制侧面图形,并为其填充红色(R:255,B:18),如图 7-111 所示。

5. 按住 Ctrl 键单击"图层 2"的图层缩览图加载选区,然后单击【图层】面板下方的 按钮,在弹出的菜单命令中选择【色相/饱和度】命令。

6. 在弹出的【色相/饱和度】面板中设置选项参数,如图 7-112 所示。

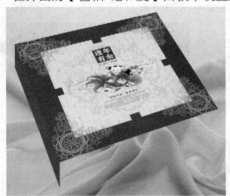

图 7-111　绘制的红色图形　　　　　　　图 7-112　【色相/饱和度】面板

调整图像明度后的效果如图 7-113 所示。

7. 再次按住 Ctrl 键单击"图层 2"的图层缩览图加载选区,然后选取 工具,设置合适的笔头大小后在选区的下方边缘拖曳,提亮该部分区域,如图 7-114 所示。

图 7-113　调整明度后的效果　　　　　　图 7-114　提亮部分区域后的效果

8. 按 Ctrl+D 组合键去除选区，然后用与以上制作侧面图形相同的方法，制作出如图 7-115 所示的侧面图形。

9. 按住 Ctrl 键单击"图层 1"的图层缩览图加载选区，然后在背景层的上方新建"图层 4"，并为选区填充红褐色（R:80,G:18,B:10）。

10. 利用 ▶ 工具将填充颜色后的图形向下调整至如图 7-116 所示的位置，然后按 Ctrl+D 组合键去除选区。

11. 执行【滤镜】/【模糊】/【高斯模糊】命令，在弹出的【高斯模糊】对话框中将【半径】选项的参数设置为"10 像素"，然后单击 [确定] 按钮。

图 7-115　制作的侧面图形

图 7-116　图形调整后的位置

12. 在【图层】面板中，将"图层 4"的【不透明度】选项参数设置为"70%"，制作的阴影效果如图 7-117 所示。

至此，月饼的包装盒就制作完成了，下面灵活运用制作立体图形的方法，依次再制作出如图 7-118 所示的小包装盒。

图 7-117　制作的阴影效果

图 7-118　制作出的其他小包装盒

13. 按 Shift+Ctrl+S 组合键，将此文件另命名为"月饼盒立体效果.psd"保存。

7.3　小结

本章主要讲解了包装袋、月饼盒的包装设计制作，包括平面图的设计和立体效果图的制作。在制作立体效果时，要注意【自由变换】命令的使用，此命令在实际工作中经常用到，希望读者能将其掌握。另外，在制作各立体图形的侧面时，需要注意利用调整层进行立体造型的高光及阴影区域的颜色设置方法。同时，需要读者深刻理解物体在光源的照射下所体现出来的不同明暗区域，只有这样才能够绘制出更加逼真的立体效果来。

7.4 课后练习

1. 综合运用各种工具按钮及菜单命令，设计出如图 7-119 所示的食品塑料袋包装。用到的素材图片为"图库\第 07 章"目录下名为"梦幻菜园.jpg""小女孩.psd"和"标志.jpg"的文件。

图 7-119　设计的食品塑料袋包装

2. 综合运用各种工具按钮及菜单命令，设计出如图 7-120 所示的茶叶包装。用到的素材图片为"图库\第 07 章"目录下名为"古画.jpg""花纹和龙.psd""扇子.jpg"和"茶碗.psd"的文件。

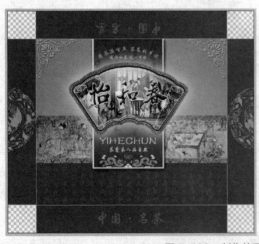

图 7-120　制作的平面展开图和包装盒效果

第8章
图像合成

通过前面几章的学习，相信读者已经掌握了 Photoshop 软件工具按钮和菜单命令的应用，为了使读者更加牢固地掌握这些工具和命令，并学习和掌握一些在实际工作中常用到的图像合成技巧，本书的最后一章将安排一些实用性较强的练习作品，以使读者真正达到学以致用的目的。

8.1 为扇面添加图像

【案例目的】：本节主要介绍运用【反向】和【羽化】命令将两幅图像进行合成的方法。这两个命令在实际工作过程中经常用到，希望读者能够将其基本操作熟练掌握。

【案例内容】：利用【选择】菜单下的【反向】和【羽化】命令，完成如图 8-1 所示的图像合成效果。

扫一扫

图 8-1 彩图

图 8-1 合成后的图像效果

【操作步骤】

1. 打开素材文件中"图库\第 08 章"目录下名为"风景画.jpg"和"扇子.jpg"的文件，如图 8-2 所示。

图 8-2 打开的图片

2. 将"扇子.jpg"文件设置为工作状态，选择  工具，然后将鼠标指针移动到画面中黄色扇子处单击，创建如图 8-3 所示的选区。

3. 选择  工具，在选区内按住鼠标左键并向"风景画.jpg"文件中拖曳，将创建的选区移动复制到"风景画"文件中，并放置到如图 8-4 所示的位置。

图 8-3　创建的选区

图 8-4　选区放置的位置

4. 执行【选择】/【反向】命令，将选区反选。

5. 执行【选择】/【修改】/【羽化】命令，在弹出的【羽化选区】对话框中，设置【羽化半径】选项的参数为"20"，单击　确定　按钮，选区羽化后的形态如图 8-5 所示。

6. 连续按两次 Delete 键，删除选区中的内容，然后按 Shift+Ctrl+I 组合键，将选区反选。

7. 选择 工具，将选择的图片移动复制到"扇子.jpg"文件中，调整一下大小后放置到如图 8-6 所示的位置，完成图像的合成操作。

图 8-5　羽化后的选区形态

图 8-6　合成后的画面效果

8. 按 Shift+Ctrl+S 组合键，将此文件另命名为"合成图像.psd"保存。

8.2　图层蒙版的灵活运用

【案例目的】：蒙版具有保护和隐藏图像的功能，当对图像的某一部分进行特殊处理时，利用蒙版可以隔离并保护图像其余的部分不被修改和破坏。

【案例内容】：通过设计婚纱相册案例，来学习蒙版在合成图像方面的作用及编辑蒙版的基本方法，图片素材及效果如图 8-7 所示。

图 8-7　图片素材及合成后的相册效果

【操作步骤】

1. 打开素材文件中"图库\第 08 章"目录下名为"照片 01.jpg"至"照片 05.jpg"及"婚纱相册.psd"的文件。

2. 利用▶╋工具将"照片 01.jpg"图片移动到"婚纱相册.psd"文件中，调整其大小并放置到如图 8-8 所示的位置。

3. 单击【图层】面板中的 ◻ 按钮，给"图层 2"添加蒙版。

图 8-8　图片放置的位置

4. 选择 ✐ 工具，设置画笔的【主直径】参数为"125 像素"，【硬度】参数为"0%"，并在属性栏中设置 不透明度: 40% ▶ 参数为"40%"。

5. 按 D 键，将前景色设置为黑色，单击"图层 2"右侧的蒙版，将其设置为工作状态，然后利用画笔在蒙版中绘制黑色来编辑蒙版，使照片的周围变得透明，效果如图 8-9 所示。

6. 选择 ◰ 工具，勾选属性栏中的 ☑连续 复选框，将"图层 1"设置为工作层，在画面中的白色边框内单击，添加如图 8-10 所示的选区。

图 8-9　编辑蒙版后的效果

图 8-10　添加的选区

7. 利用 ▶╋ 工具将"照片 02.jpg"图片移动到"婚纱相册.psd"文件中，放置到如图 8-11 所示的位置。

8. 单击【图层】面板中的 ◻ 按钮，给"图层 3"添加蒙版，效果如图 8-12 所示。

9. 单击"图层 3"的图层缩览图和蒙版中间的 ▩ 图标，取消链接关系。

10. 单击"图层 3"的图层缩览图，按 Ctrl+T 组合键，添加自由变换框，将图片调整到如图 8-13 所示的大小，按 Enter 键确定变换操作。

11. 使用相同的操作方法，将其他照片也合成到当前画面中，效果如图 8-14 所示。

图 8-11　图片放置的位置

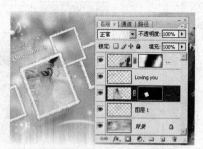

图 8-12　编辑蒙版后的效果

图 8-13　调整图片大小

图 8-14　合成到画面中的照片

12. 按 Shift+Ctrl+S 组合键，将此文件命名为"婚纱相册.psd"，并保存。

8.3　更换图像背景

【案例目的】：简单说，"图像合成"就是将两幅以上的图像经过处理以后巧妙地拼合成一幅构思巧妙的新作品。这是很能体现设计者创意的方式之一。比如为照片换背景，两幅照片合成一幅完整的图片，或者天马行空地创造现实中不可能出现的景象等。

【案例内容】：利用路径工具选择背景中的被套图像，然后将其移动到场景中，合成如图8-15 所示的"高大上"效果。

扫一扫

图 8-15 右图彩图

图 8-15　原图像与合成后的效果

【操作步骤】

1. 打开素材文件中"图库\第 08 章"目录下名为"被套.jpg"和"卧室.jpg"的图片文件。下面利用路径工具选取被套。为了使操作更加便捷、选取的被套更加精确，在选取过程中可以将图像窗口设置为满画布显示。

2. 将"被套.jpg"文件设置为工作状态。连续按两次 F 键，将窗口切换成全屏模式显示。

3. 选择🔍工具，在画面中按住左键并拖曳鼠标，局部放大显示图像，如图 8-16 所示。

4. 选择✏️工具，在属性栏中选择 路径 ▾ 选项，将鼠标指针移动到如图 8-17 所示的位置，单击鼠标左键添加第一个锚点。

图 8-16　放大显示图像时的状态

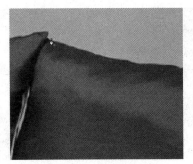

图 8-17　添加的第一个锚点

5. 依次沿着被套的轮廓在结构转折的位置添加控制点，当绘制的路径终点与起点重合时，在鼠标指针的右下角会出现一个圆形标志，如图 8-18 所示，此时单击鼠标左键即可创建闭合的路径。

下面利用【转换点】工具对绘制的路径进行调整，使路径紧贴图像的轮廓边缘。

6. 选择◥工具，将鼠标指针放置在路径的控制点上，按住鼠标左键拖曳，此时出现两条控制柄，如图 8-19 所示。

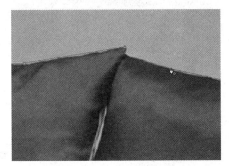

图 8-18　出现的圆形标志

图 8-19　出现的控制柄

7. 拖曳鼠标指针调整控制柄，将路径调整平滑后释放鼠标左键。如果路径控制点添加的位置没有紧贴在图像轮廓上，可以按住 Ctrl 键来移动控制点的位置，如图 8-20 所示。

8. 利用◥工具对路径上的其他锚点进行调整，如图 8-21 所示。

图 8-20　移动控制点位置

图 8-21　调整锚点

9. 用与步骤 7～步骤 8 相同的方法，依次对锚点进行调整，使路径紧贴在被套的轮廓边缘，如图 8-22 所示。

10. 按 Ctrl+Enter 组合键，将路径转换成选区，如图 8-23 所示。

图 8-22　调整后的路径形态

图 8-23　转换成的选区形态

11. 再连续按两次 F 键，将窗口切换到标准屏幕模式显示。

12. 利用 ▶ 工具将选取的被套移动到"卧室.jpg"文件中生成"图层 1"，如图 8-24 所示，然后按 Ctrl+T 组合键，为复制入的被套添加自由变换框。

13. 在变形框内单击鼠标右键，在弹出的快捷菜单中选择【水平翻转】命令，将被套翻转，然后按住 Ctrl 键，将其调整至如图 8-25 所示的形态。

图 8-24　移动复制入的被套

图 8-25　调整后的被套形态

14. 按 Enter 键，确认图像的变换操作，然后利用 ⬚ 工具，绘制出如图 8-26 所示的选区，并按 Delete 键，删除选择的内容，效果如图 8-27 所示。

图 8-26　绘制的选区

图 8-27　删除后的效果

至此，图像合成已制作完成，其整体效果如图 8-28 所示。

图 8-28　合成后的图像效果

15. 按 Shift+Ctrl+S 组合键，将文件另命名为"更换背景.psd"，并保存。

8.4　网站主页设计

【案例目的】：网站的主页是一个网站设计成功与否的关键。用户在浏览网页时，往往看到第一页就已经对所浏览的站点有一个整体的感觉，能否促使浏览者继续点击进入，能否吸引浏览者留在站点上继续查看，网站主页的外观视觉起到很重要的作用。所以，主页的设计和制作是一个网站成功与否的关键因素。

【案例内容】：本节以虚拟的"戴娜斯"化妆品网站主页为例来学习网站主页的设计方法，本节案例效果如图 8-29 所示。

对于网站美工工作来说，在开始设计之前先确定好网站的风格，规划好版面的构图以及各功能区的分布是非常重要的，其次是颜色及各个部分装饰，字体的选择和美化也是要重点考虑的内容。读者可以上网多浏览一些设计漂亮的网站，学习这些网站的设计风格，只有看得多，动手设计得多，才能够慢慢地积累自己的经验，并设计出更加漂亮、实用的网站来。

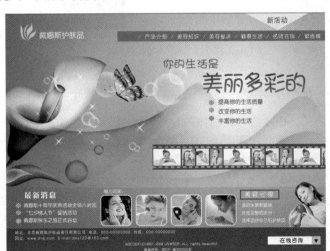

扫一扫

图 8-29 彩图

图 8-29　"戴娜斯"化妆品网站主页

8.4.1　设计主页画面

首先来设计主页画面。

【操作步骤】

1. 按 Ctrl+N 组合键，新建【宽度】为 "980 像素"，【高度】为 "735 像素"，【分辨率】为 "120 像素/英寸"，背景为白色的文件。

2. 选取 工具，单击属性栏中的 按钮，打开【渐变编辑器】对话框，设置渐变颜色参数如图 8-30 所示，单击 确定 按钮。

3. 新建 "图层 1"，利用 工具绘制矩形选区，在选区内填充如图 8-31 所示的渐变颜色。

图 8-30　设置渐变参数　　　　　　　图 8-31　填充渐变色后的效果

4. 新建 "图层 2"，选取 工具，在属性栏中设置【羽化】值为 100，绘制选区并填充灰红色（R:227,G:192,B:160），绘制的光晕效果如图 8-32 所示。

5. 复制 "图层 2" 为 "图层 2 副本"，缩小后放置到图 8-33 所示的画面位置。

图 8-32　绘制的光晕效果　　　　　　图 8-33　复制光晕后的效果

6. 新建 "图层 3"，在画面中绘制如图 8-34 所示的紫黑色（R:186,G:164, B:188）光晕。

7. 新建 "图层 4"，选取 和 工具，在画面中绘制如图 8-35 所示的路径。

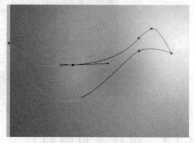

图 8-34　绘制的光晕效果　　　　　　图 8-35　绘制的路径

8. 按 Ctrl+Enter 组合键，将路径转换为选区，效果如图 8-36 所示。

9. 打开【拾色器】对话框，设置前景色为深灰色（R:126,G:74,B:126）。

10. 选取 工具，在属性栏中设置【画笔】值为 200，【不透明度】为 20%，拖曳鼠标，在选区内涂抹，绘制如图 8-37 所示的飘带效果。

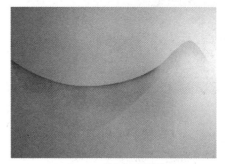

图 8-36　路径转换为选区　　　　　　　　　图 8-37　绘制的飘带效果

11. 新建"图层 5"，在画面中绘制如图 8-38 所示的路径，将路径转换为选区后涂抹上浅紫色（R:210,G:180,B:227），效果如图 8-39 所示。

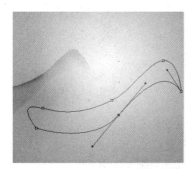
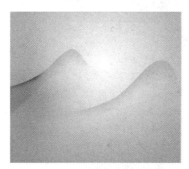

图 8-38　绘制的路径　　　　　　　　　图 8-39　绘制的浅紫色飘带

12. 新建"图层 6"，继续绘制出如图 8-40 所示的紫黑色飘带。

13. 新建"图层 7"，选取 工具，在画面中绘制如图 8-41 所示的选区。

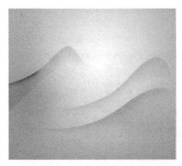
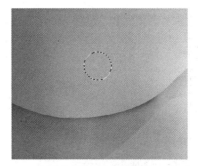

图 8-40　绘制紫黑色飘带　　　　　　　　　图 8-41　绘制的选区

14. 选取 工具，在属性栏中设置【不透明度】为 50%，拖曳鼠标，在选区的边缘位置绘制白色，得到如图 8-42 所示的气泡效果。

15. 选取 工具，按住 Alt 键的同时，移动复制绘制的气泡，利用自由变换框将复制出的气泡分别调整成不同的大小，效果如图 8-43 所示。

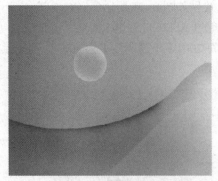

图 8-42　绘制的气泡效果

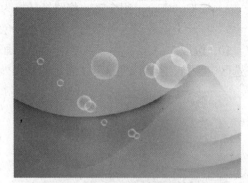

图 8-43　复制气泡后的效果

16. 在【图层】面板中，按 Ctrl+E 组合键将 "图层 7" 的所有副本层合并到 "图层 7" 中。

17. 新建 "图层 8"，选取 ✎ 工具，单击属性栏中的 ▣ 按钮，在弹出的【画笔】面板中设置参数如图 8-44 所示。然后绘制出如图 8-45 所示的倾斜白色图形。

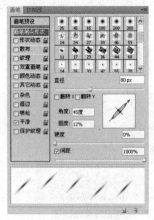

图 8-44　设置画笔参数

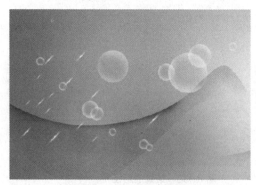

图 8-45　绘制的白色图形

18. 在【画笔】面板中重新设置参数，如图 8-46 所示。继续绘制得到如图 8-47 所示的星光效果。

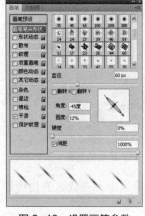

图 8-46　设置画笔参数

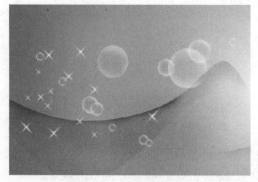

图 8-47　绘制的星光效果

19. 新建 "图层 9"，再绘制两个紫黑色的气泡图形，如图 8-48 所示。

20. 新建 "图层 10"，选取 ▣ 工具，在画面中绘制如图 8-49 所示的选区。

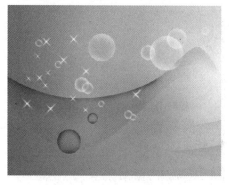

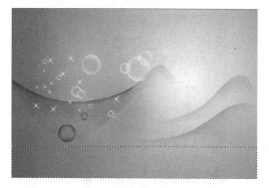

图 8-48　绘制的紫黑色气泡　　　　　　　　　　　　　图 8-49　绘制的选区

21. 选取 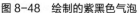 工具，打开【渐变编辑器】对话框，设置由深紫色（R:141,G:82,B:117）到紫色（R:163,G:108,B:174）的渐变色，然后单击 确定 按钮。

22. 为选区填充设定的渐变色，在【图层】面板中将"图层 10"的【不透明度】设置为 30%，画面效果如图 8-50 所示。

23. 按住 Ctrl 键的同时单击"图层 1"的图层缩略图载入选区，按 Ctrl+Shift+I 组合键将选区反选。

24. 新建"图层 11"，在选区内填充上深紫色（R:97,G:50,B:122），效果如图 8-51 所示。

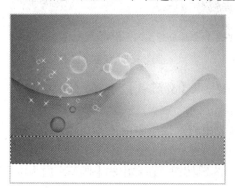

图 8-50　填充渐变色的效果　　　　　　　　　　　　图 8-51　选区填充颜色后的效果

25. 按 Ctrl+S 组合键，将文件命名为"网页设计.psd"保存。

8.4.2　合成画面图像

接下来我们来合成素材图片。

【操作步骤】

1. 接上例。打开素材文件中"图库\第 08 章"目录下名为"花朵.psd"文件，将花朵图片移动复制到"网页设计.psd"中生成"图层 12"，效果如图 8-52 所示。

2. 在【图层】面板中设置"图层 12"的图层混合模式为"强光"，画面效果如图 8-53 所示。

3. 将蝴蝶图片移动复制到"网页设计.psd"中，生成"图层 13"并在【图层】面板中设置其图层混合模式为"明度"，画面效果如图 8-54 所示。

4. 新建"图层 14"，在画面中绘制出如图 8-55 所示的图形。

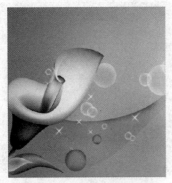

图 8-52　花朵图像放置的位置

图 8-53　设置图层混合模式后的效果

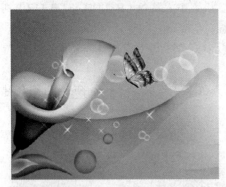

图 8-54　应用图层混合模式的效果

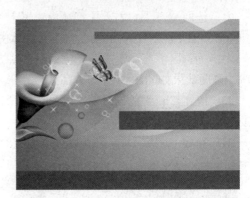

图 8-55　绘制的图形

5. 新建【宽度】为"5 像素",【高度】为"2 像素",【分辨率】为"96 像素/英寸",背景内容为透明的文件,然后给"背景"层填充上黑色。

6. 执行【编辑】/【定义画笔预设】命令,在弹出的对话框中单击 确定 按钮,将黑色色块定义为画笔笔头。

7. 关闭当前文件,选取 画笔 工具,单击属性栏中的 按钮,在弹出的【画笔】面板中设置参数如图 8-56 所示。

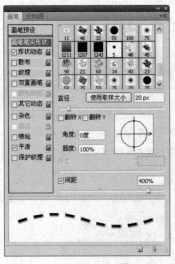

图 8-56　设置画笔参数

8. 利用 工具，按住 Shift 键的同时在图形的左右两边分别单击鼠标，得到如图 8-57 所示描绘的虚线效果。

9. 打开素材文件中"图库\第 08 章"目录下名为"人物 01.jpg"~"人物 09.jpg"的文件。

10. 将"人物 01.jpg"～"人物 04.jpg"文件中的图片依次移动复制到"网页设计.psd"中。通过复制、调整大小等操作，把人物图片排列到绘制的胶片图形上面，效果如图 8-58 所示。

图 8-57　描绘的虚线效果

图 8-58　复制到胶片图形上面的图片

11. 按 Ctrl+E 组合键将生成的包含人物图片的图层都合并到"图层 15"中。

12. 选取 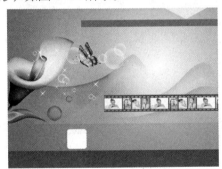工具，在属性栏中选择 像素 选项，并设置【半径】值为 12，新建"图层 16"，在画面中绘制出如图 8-59 所示的白色圆角正方形图形。

13. 利用 工具将图形选中，然后按住 Ctrl+Alt 组合键的同时向右移动复制出 3 个白色图形，如图 8-60 所示。

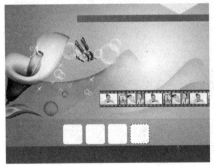

图 8-59　绘制的图形　　　　　　　　图 8-60　移动复制出的图形

14. 将"人物 05.jpg"文件中的图片移动复制到"网页设计.psd"文件中，执行【图层】/【创建剪贴蒙版】命令，画面效果如图 8-61 所示。

15. 按 Ctrl+T 组合键，将图片调整到如图 8-62 所示的大小。

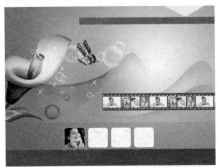

图 8-61　创建剪贴蒙版效果　　　　　　　图 8-62　缩小后的图片效果

16. 同理分别将"人物 06.jpg"~"人物 08.jpg"文件中的人物图片合成到如图 8-63 所示的位置中。

17. 将"图层 16"设置为工作层，执行【图层】/【图层样式】/【描边】命令，给图形描绘【大小】为 2 像素的白色边缘，效果如图 8-64 所示。

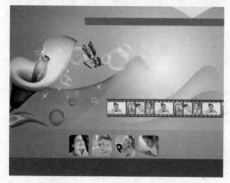

图 8-63　合成到画面中的图片

图 8-64　描边的效果

18. 利用 工具将"人物 09.jpg"文件中的人物图片选取后复制到网页画面中，调整大小后放置到如图 8-65 所示的位置。

19. 新建"图层 22"，选取 工具，确认属性栏中选择的 像素 ⬍ 选项，在画面中绘制白色条，然后再在白色条右侧绘制一个小的灰色图形，如图 8-66 所示。

图 8-65　人物图像放置的位置

图 8-66　绘制的图形

20. 新建"图层 23"，选取 工具绘制如图 8-67 所示的黑色三角形。

21. 新建"图层 24"，选取 工具绘制矩形选区，执行【编辑】/【描边】命令，在弹出的【描边】对话框中设置【宽度】值为 3，【颜色】为紫色（R:97,G:50,B:122），单击 确定 按钮，描边效果如图 8-68 所示。

图 8-67　绘制的黑色三角形

图 8-68　描边效果

22. 按 Ctrl+S 组合键，保存文件。

8.4.3　输入文字内容

网页中的图像及图形基本绘制完成，下面再来输入文字内容。

【操作步骤】

1. 接上例。新建"图层 25"，设置前景色为浅紫色（R:226,G:187,B:218）。

2. 选取 <img_1> 工具，在【形状样式】面板中选取如图 8-69 所示的图形，然后在画面的左上角绘制如图 8-70 所示的图形并输入文字内容。

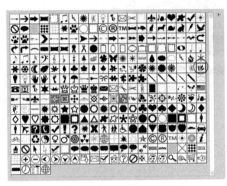

图 8-69　选择的形状图形

图 8-70　绘制图形并输入文字

3. 选取 T 工具，在画面右侧输入如图 8-71 所示的文字。其颜色可以参考画面来设置。

4. 在【图层】面板中，将"美丽多彩的"文字层设置为工作层，单击鼠标右键，在弹出的快捷菜单中选择【栅格化文字】命令，将"美丽多彩的"文字层栅格化，然后单击左上角的"锁定透明像素"按钮。

5. 选取 工具，打开【渐变编辑器】对话框，设置由深紫色（R:97,G:50,B:122）到桃红色（R:254,G:0,B:138）的渐变色，然后单击 确定 按钮。

6. 给文字添加选区，然后为其填充设置的渐变颜色，去除选区后的效果如图 8-72 所示。

图 8-71　输入的文字

图 8-72　填充渐变后的文字效果

7. 新建"图层 26"，利用 工具，在文字的左侧绘制如图 8-73 所示的图形。

8. 选取 T 工具，在画面的下边输入如图 8-74 所示的文字。

图 8-73　绘制的图形

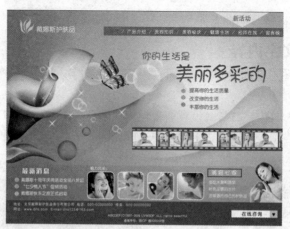

图 8-74 设计完成的网站主页

9. 至此，网站主页设计完成，按 Ctrl+S 组合键，保存文件。

8.4.4 输出网页图片

网站主页设计完成后，需要把设计的页面存储为适合网页的专用图片进行预览。下面以设计完成的"戴娜斯"化妆品网站主页为例，来学习网页图片的优化和存储方法。

【操作步骤】

1. 执行【文件】/【存储为 Web 所用格式】命令，弹出如图 8-75 所示的对话框。

对话框左上角为查看优化图片的 4 个标签。单击"原稿"标签，选项卡中显示的是图片未进行优化的原始效果；单击"优化"标签，选项卡中显示的是图片优化后的效果；单击"双联"标签，选项卡中同时显示图片的原稿和优化后的效果；单击"四联"标签，选项卡中同时显示图片的原稿和三个版本的优化效果。

在对话框左侧有 6 个工具按钮，分别用于查看图像的不同部分、选择切片、放大或缩小视图、设置颜色、隐藏和显示切片标记。

对话框的右侧为进行优化设置的区域。在【预设】下拉列表框中可以根据对图片质量的要求设置不同的优化格式。优化的格式不同，其下的优化设置选项也会不同，图 8-76 所示为设置 GIF 格式时的优化设置选项。

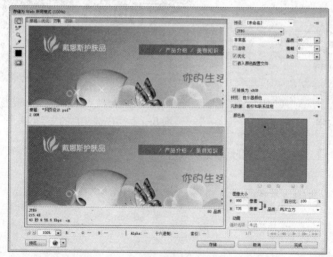

图 8-75 【存储为 Web 所用格式】对话框

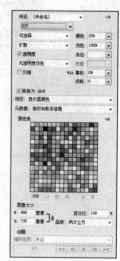

图 8-76 GIF 格式设置选项

对于 GIF 格式的图片来说，可以适当设置【损耗】值和减小【颜色】数量来得到较小的文件，一般设置不超过 10 的损耗值即可；对于 JPEG 格式的图片来说，可以适当降低图像的【品质】来得到较小的文件，一般设置为 40 左右即可。

提示

在【图像大小】选项中，可以根据需要自定义输出图像的大小。在对话框的左下角显示了当前优化状态下图像文件的大小及下载该图片时所需要的下载时间。

2. 所有选项如果设置完成，可以通过浏览器查看效果。在【存储为 Web 所用格式】对话框左下角设置好【缩放级别】选项后，单击右边的 🌐 按钮即可在浏览器中浏览该图像效果，如图 8-77 所示。

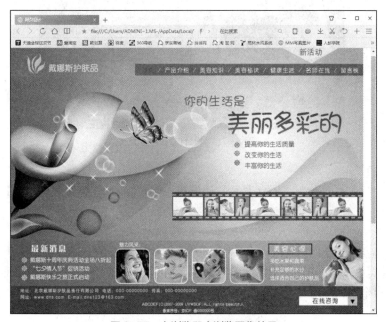

图 8-77　在浏览器中浏览图像效果

关闭该浏览器，单击 存储... 按钮，在弹出的【将优化结果存储为】对话框中，如果在【保存类型】下拉列表中选择"HTML 和图像（*.html）"选项，文件存储后会把所有的切片图像文件保存并同时生成一个*.html 网页文件；如果选择"仅限图像（*.jpg）"选项，则只会把所有的切片图像文件保存，而不生成*.html 网页文件；如果选择"仅限 HTML（*.html）"选项，则保存为一个*.html 网页文件，而不保存切片图像。

8.5　课堂实训

通过以上内容的学习，下面来分别设计一个个人主页和将照片进行场景更换处理的主页。

8.5.1　个人主页设计

综合运用各种工具、菜单命令设计出如图 8-78 所示的个人主页。用到的素材图片为"图库\第08章"目录下名为"图标.jpg""儿童 01.jpg""儿童 02.jpg""儿童 03.jpg""儿童 04.jpg"和"小熊.jpg"的文件。

图 8-78　设计的个人主页

【操作步骤】

1. 新建一个【宽度】为"1024 像素"、【高度】为"1024 像素"、【分辨率】为"96 像素/英寸"的文件。

提示

　　由于本例设计的作品最终要应用于网络，因此在设置页面的大小时，新建了【宽度】为"1024"像素（即全屏显示时的宽度 FF09）的文件，页面的【高度】可根据实际情况设置，但不应超过高度"768"像素的 3 倍。

2. 依次绘制图形并添加素材图片，再添加文字内容，即可完成个人主页的设计。

8.5.2　更换场景

用与第 8.3 节相同的方法，将拍摄的照片进行场景更换处理，原素材图片如图 8-79 所示，更换后的效果如图 8-80 所示。

图 8-79　原素材图片

图 8-80　更换后的效果

【操作步骤】

利用路径工具选择背景中的被套图像，然后将其移动到新的场景中，即可合成出新的画面效果。用到的素材图片为"图库\第 08 章"目录下名为"被套原图.jpg""卧室 02.jpg"和"桌面.jpg"的文件。

8.6　小结

本章综合运用之前所学的工具及菜单命令，来制作几个日常生活中比较常见的作品。在学习过程中，要注意掌握工具和命令的合理搭配，了解和掌握网页美工设计的相关知识、设计网站主页的方法，这对将来能够从事于这方面的工作有所帮助。

另外，在实际工作中并非所有的图像处理都能按照本章介绍的这些方法，在具体处理时，要根据不同的图像来决定采取什么样的方法。所以，只有对本章的内容真正掌握后，才能在自己的图像处理工作中灵活运用。

8.7　课后练习

1. 综合运用各种绘图工具及菜单命令设计如图 8-81 所示的公司网站主页。用到的素材图片为"图库\第 08 章"目录下名为"天空.jpg""草地.jpg""素材.psd"和"树叶 01.psd"的文件。

图 8-81　设计的网站主页

2. 综合运用各种工具及菜单命令设计如图 8-82 所示的教育网站主页。用到的素材图片为"图库\第 08 章"目录下名为"草地 02.jpg""天空 02.jpg""建筑.psd""油菜花.jpg""向日葵.psd""素材 02.psd"和"图标.psd"的文件。

图 8-82　设计的教育网站主页

3. 用与以上制作网页相同的方法，制作如图 8-83 所示的化妆品网页效果。用到的素材图片分别为"图库\第 08 章"目录下名为"背景.jpg""蝴蝶.psd""产品分类.psd""化妆品 01.jpg""化妆品 02.jpg""化妆品 03.jpg""化妆品 04.jpg""风景.jpg""芦荟.jpg"和"芦荟叶子.psd"的文件。

图 8-83　制作的化妆品网页